葡萄酒品鉴与配菜食谱

[日]田崎真也 著

谢海运 译

Wine

人民邮电出版社
北京

图书在版编目（CIP）数据

葡萄酒品鉴与配菜食谱 /（日）田崎真也著 ; 谢海运译. -- 北京 : 人民邮电出版社, 2019.1
ISBN 978-7-115-49935-6

Ⅰ. ①葡… Ⅱ. ①田… ②谢… Ⅲ. ①葡萄酒一品鉴②菜谱 Ⅳ. ①TS262.6②TS972.12

中国版本图书馆CIP数据核字(2018)第280858号

内文设计、DTP：岩繁昌宽、畑田志摩、金田爱子、长屋天龙（ハートウッドカンパニー）
料理摄影：实重浩
酒瓶摄影师：内田琢麻
协助：Showoffice株式会社、SHOWstudio有限会社、SHOZABURO NAGATA
插图：金田爱子

内 容 提 要

本书是一本综合葡萄酒品鉴与配菜教程的图书，书中精选了世界各地的葡萄酒 244 种，包括红、白葡萄酒以及混合葡萄酒，当属好喝不贵的品类。其中，对葡萄酒的产地、品牌、品鉴都有详细介绍，同时，书中还提供了 60 种葡萄酒与小菜的搭配方法，列举了详细用料配方以及制作方法，简单实用。

本书适合品酒师、厨师和葡萄酒爱好者阅读。

◆ 著　[日] 田崎真也
译　谢海运
责任编辑　李天骄
责任印制　周昇亮

◆ 人民邮电出版社出版发行　北京市丰台区成寿寺路 11 号
邮编　100164　电子邮件　315@ptpress.com.cn
网址　http://www.ptpress.com.cn
北京市雅迪彩色印刷有限公司印刷

◆ 开本：700×1000　1/16
印张：11.75　2019 年 1 月第 1 版
字数：162 千字　2019 年 1 月北京第 1 次印刷

著作权合同登记号　图字：01-2017-2713 号

定价：69.00 元

读者服务热线：(010) 81055296　印装质量热线：(010) 81055316
反盗版热线：(010) 81055315
广告经营许可证：京东工商广登字 20170147 号

前言

现在，不仅在饭店酒吧，就是平常在家里和家人、朋友一起吃饭，都能享用到葡萄酒，就可以品尝到来自世界各地不同种类的葡萄酒。享用葡萄酒，并不需要复杂的知识。葡萄酒种类繁多，多到我们一辈子也不可能喝遍世界各地的葡萄酒。所以，如果总是选择一个品种的葡萄酒，将是令人遗憾的。如果今天觉得这种葡萄酒好喝，明天就要选择更美味的，这样的做法可以让你更愉快地用餐。

因此，为协调日常饮食，总要面对不同种类的葡萄酒的选择。在卖酒的商店选购时，往往很难找到同一个品牌的，可供选购同一个国家、地区、品种的葡萄酒。而且，由于各种酒会因保存条件、收获年度以及熟成而有所不同，所以本书的内容仅供参考。另外，作为“简单配菜”的参考，我做了大约60个配菜。希望你有一个愉快的夜晚。

田崎真也

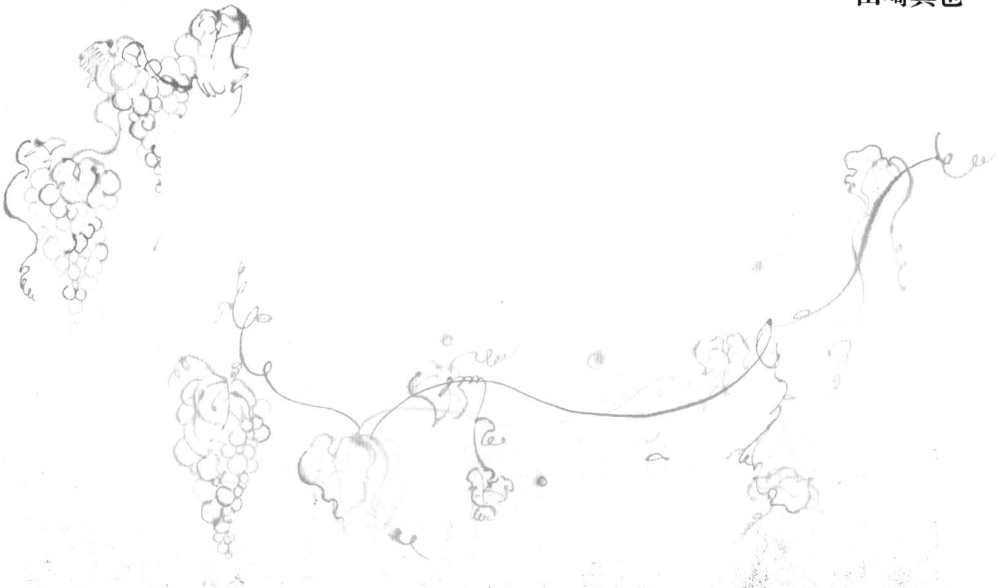

目录

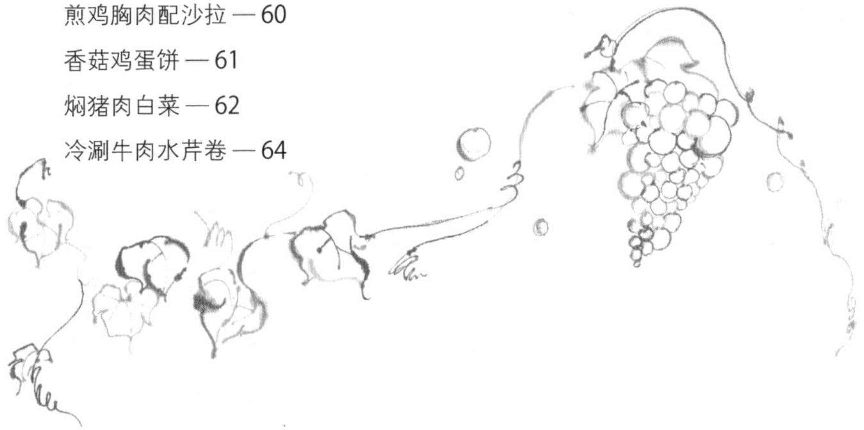

Koshu
LANGLOIS
ALAMOS

LA STRADA
RIBAS

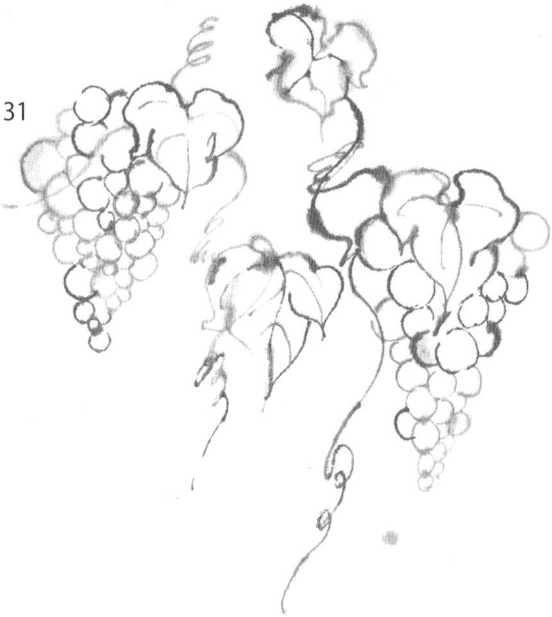

TERRAZAS
RESERVA
CASTEL VECCHIO
CAHORS
Chinon
CHANSON
Lapostolle
MERLOT
COLET

CLINE
SAINT-VERAN

口味基准

起泡葡萄酒（白葡萄酒和玫瑰红葡萄酒）、白葡萄酒（甜型）、玫瑰红葡萄酒有两个基准：①清爽↔醇厚，②辛辣度↔甜度；白葡萄酒有一个基准：清爽↔醇厚；红葡萄酒有一个基准：清淡↔醇厚。

■白葡萄酒、白葡萄酒（甜型）、玫瑰红葡萄酒、起泡葡萄酒（白葡萄酒和玫瑰红葡萄酒）

关于这些玫瑰红葡萄酒，“酸度和甜度的平衡是味道的决定因素”。因此，“清爽”与“醇厚”的区别在于，如果感觉酸味较重，就更接近“清爽”的类型；如果味道较“温和”，那就是“醇厚”的类型了。

此外，试饮点评里的“醇厚”是指，比起整体协调，给人的第一印象和中间扩散、余味等每个时间点的印象都是“醇厚”的甜味。例如，在不同类型的葡萄酒中会出现“醇厚果香”的表达。因为不同葡萄酒的酸味和甜味的平衡不同，所以在表达“醇厚”时，酸味浓烈的葡萄酒的“清爽”值接近1，酸味比较温和的葡萄酒的“醇厚”值接近4，参考值会显示不同的数字。另外，甘甜度不是分析残糖量的值，说到底只是感官印象。例如，即使含有糖，但是由于强酸性而使得甜味变弱，标准值也会变低。

■红葡萄酒

红葡萄酒味道的重点是酸度和涩味的协调，而不是甜度或者丰富感。因此，比较接近“淡味”的葡萄酒，更能令人感觉到涩味。“有内涵”是指在有丰富感的同时，令人更强烈地感受到浓缩的涩味。

田崎真也

本书的阅读方法和相关说明

■简单配菜章节

* 材料基本上是两人份。

* 计量匙的1小匙是5毫升、1大匙是15毫升。

* 微波炉的功率是600瓦。

■葡萄酒的目录页

* 每种葡萄酒在其名称后记载有：①产地，②酿造酒庄，③使用的葡萄品种。

* ★表示酿造酒庄和葡萄酒的说明。

* 🍷表示田崎真也的试饮点评，仅供享用葡萄酒时参考。

第1章 起泡葡萄酒和简单配菜

起泡葡萄酒和配菜的搭配方法

起泡葡萄酒通常具有新鲜的酸性，加上泡沫刺激，更容易给人清爽的印象。因此，配菜最好是类似于增加柠檬新鲜度的类型。本书中也介绍了，放了柑橘酱汁的配菜与之更搭配。以柑橘果香类白起泡葡萄酒为例，白鱼腌泡汁、贝类腌泡汁、盐烤白鱼等与之相搭配。此外，以木莓、清爽的番茄果香类玫瑰红起泡葡萄酒为例，鲑鱼腌泡汁、使用鸡胸肉的简单配菜等与之相搭配。起泡葡萄酒大多是在吃饭的时候喝，所以这时候搭配清淡的菜品比较好。甜型的起泡葡萄酒和本书中介绍的甜型白葡萄酒的配菜一样。

白起泡葡萄酒配菜

柑橘酱汁牡蛎酥仔肉

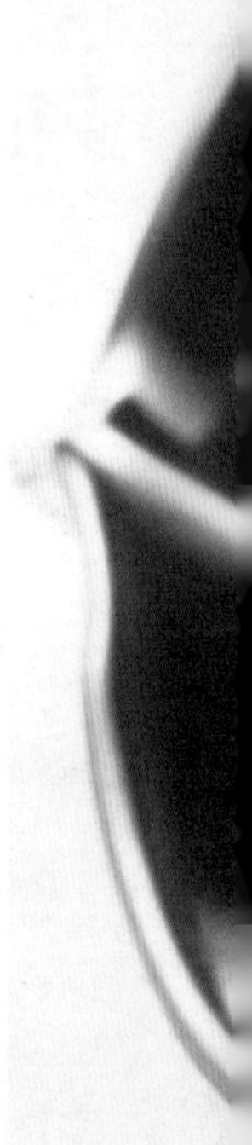

田崎真也的菜谱

- 柑橘酱汁中使用的柑橘类果汁能调和起泡葡萄酒中清爽的酸味，所以它和柑橘酱汁中的醋等很搭配。
- 牡蛎酥仔肉可用白鱼或小沙丁鱼代替。
- 辣椒萝卜泥可用柚子胡椒等代替。

【做法】

1. 用盐水轻轻洗净牡蛎、沥干。
2. 打鸡蛋，搅拌均匀，备用。
3. 用步骤 1 中的牡蛎裹上小麦面粉，再蘸步骤 2 中的鸡蛋液。
4. 用平底锅加热油，加入黄油，黄油融化时加入 3 个步骤 3 中的牡蛎，当鸡蛋变金黄时捞出装盘。
5. 淋上柑橘酱汁和辣椒萝卜泥。

【材料】2 人份

牡蛎（可生吃）	10 个
小麦面粉	适量
鸡蛋	2 个
盐	适量
油	1 大匙
黄油	1 大匙
柑橘酱汁	适量
辣椒萝卜泥	适量

推荐搭配

法国／勃艮第克莱门特白起泡葡萄酒

法国／克雷曼特卢瓦尔河谷白起泡葡萄酒

德国／泽勒黑猫白起泡葡萄酒

扇贝和鳄梨：日本传统美食

【材料】2 人份

扇贝（切片）	3 个	柠檬汁	1 小匙
鳄梨	1/2 个	酱油	1/2 小匙
黄瓜	1/3 根	盐、胡椒	适量
青紫苏叶	2 片	香草（莳萝）	适量
蛋黄酱	1 大匙		

【做法】

1. 用盐水轻轻洗净扇贝，沥干，切成 4 等份。
2. 鳄梨削皮，去籽，切片。
3. 将黄瓜切两半，再切成小块，放入碗中。
4. 将步骤 1 中的扇贝和步骤 3 中的黄瓜与切碎的香草、蛋黄酱、柠檬汁、酱油拌匀，加盐和胡椒粉调味，装盘。
5. 将鳄梨摆放在周围，或依个人品味添加喜欢的香草。

推荐搭配

法国／克莱门特利穆白起泡葡萄酒

美国／加利福尼亚州格兰特酿白起泡葡萄酒

澳大利亚／黄色格兰白起泡葡萄酒

田崎真也的菜谱

- ●鳄梨是与起泡葡萄酒相搭配的水果。除扇贝外，还可搭配虾和墨鱼等。
- ●酱油用于调色，少加一些。
- ●柠檬汁用量可根据口味调整。

冷涮猪里脊肉配沙拉酱

田崎真也的菜谱

- 猪肉可用鸡胸肉等代替。
- 葱白可用三星葱或小葱代替。
- 如果没有白葡萄酒为基础的第戎风芥末，可用和芥子或芥末代替。
- 如果没有莴苣叶，可用其他蔬菜代替。

【做法】

1. 把猪肉放入加了盐的水中，煮沸后捞起，冷却备用。
2. 将葱白尽可能地切细，放在水中浸泡。
3. 柠檬皮、青紫苏叶切丝，步骤2中的葱沥水后与之一起拌匀，备用。
4. 将沙丁鱼、柑橘酱汁、芥末、橄榄油、胡椒粉放入碗中，充分拌匀，调成调味汁。
5. 在盘子上铺上莴苣叶，上面放步骤1中的猪肉、步骤3中的材料、步骤4中的调味汁。食用时充分拌匀。

【材料】2人份

猪里脊肉（冷涮用）	100克	[酱汁]	
葱白	白色部分1/2根	冷涮用芝麻酱	1大匙
柠檬皮	少量	柑橘酱汁	1大匙
青紫苏叶	3片	第戎芥末酱	适量
莴苣叶	3~4片	橄榄油	1大匙
盐	适量	胡椒粉	少量

推荐搭配

阿根廷/托索白起泡葡萄酒

澳大利亚/金雀花白起泡葡萄酒

澳大利亚/碧汇白起泡葡萄酒

烤鸡

田崎真也的菜谱

- 微波炉的烤法非常重要，应设定为小火慢烤。
- 可使用洋葱。
- 如果没有柑橘酱汁，可用柠檬汁和酱油代替。

【做法】

1. 鸡肉切成宽 5 毫米、长 5 厘米的细丝，装盘（可用于微波炉）。

2. 鸡汤宝（固体鸡汤宝用水溶解）倒入小锅中，放入盐、胡椒粉、白葡萄酒、酱油，开火煮沸，倒入步骤 1 的盘中，盖上保鲜膜，放进微波炉烤。

3. 黄瓜切丝装盘，上面放步骤 1 中的鸡，放入少量步骤 2 中的汤。

4. 将色拉油、葱、姜末放锅中，开火炒（葱会溅起，最好盖上锅盖），在葱开始变色时关火，加入蒜末和柑橘酱汁拌匀后，加入芝麻油，放上步骤 3 中的鸡。

【材料】2 人份

鸡胸肉（去皮）	100 克	葱花	2 大匙
鸡汤宝	100 毫升	姜末	2 小匙
盐、胡椒粉	少量	蒜末	1 小匙
酱油	1 小匙	色拉油	2 大匙
白葡萄酒	15 毫升	柑橘酱汁	2 大匙
黄瓜	1 根	香油	2 小匙

推荐搭配

西班牙／科利特卡瓦白起泡葡萄酒

西班牙／卡瓦白起泡葡萄酒

法国／阿尔萨斯白起泡葡萄酒

白起泡葡萄酒配菜

黄油酱汁煎豆腐

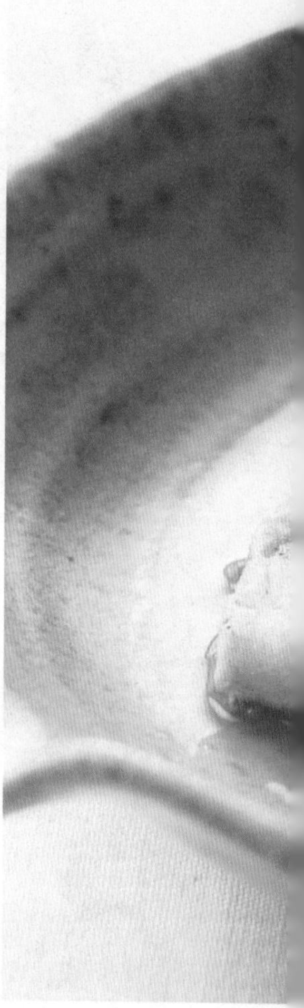

【材料】2 人份

嫩豆腐	1 块	[酱汁]	
小麦面粉	适量	柑橘酱汁	2 大匙
盐、胡椒粉	少量	白葡萄酒	2 大匙
橄榄油	1 大匙	黄油	2 大匙
黄油	1 大匙	盐、胡椒粉	少量
小葱	适量		

【做法】

1. 用厨房纸包好豆腐，然后用轻石块压在上面，沥水约 30 分钟。

2. 将步骤 1 中的豆腐切成 1 厘米厚，均匀撒上盐和胡椒粉，然后裹上小麦面粉。

3. 将柑橘酱汁和白葡萄酒倒入锅中煮沸，稍微煮干时调小火，一点点加入黄油的同时进行搅拌。在调出黏稠酱汁时加入盐、胡椒调味。

4. 用平底锅加热橄榄油，然后加入黄油，融化后放入步骤 2 中的豆腐，煎两面，注意不要弄碎。装盘。

5. 装盘后均匀涂上步骤 3 中的酱汁，再撒上葱花点缀。

推荐搭配

法国／勃艮第克莱门特白起泡葡萄酒

法国／克莱门特利穆白起泡葡萄酒

西班牙／科利特卡瓦白起泡葡萄酒

田崎真也的菜谱

- 关键是豆腐要沥水。
- 如果没有白葡萄酒，可用日本酒代替。
- 如果增加黄油的用量，会更容易煎好。
- 这种酱汁也可用于白鱼和扇贝等配菜中，为了日后方便，请一定要记住。
- 配菜小葱可用其他香草替代，不放也没关系。

玫瑰红起泡葡萄酒配菜
塔塔酱三文鱼

田崎真也的菜谱

- 用小番茄或豆瓣酱等以红辣椒为基础的调味料，搭配玫瑰红起泡葡萄酒。
- 可将普通番茄果肉部分切细、放入红辣椒碎代替小番茄。如果有干番茄更好，与玫瑰红起泡葡萄酒搭配。
- 除豆瓣酱和苦椒酱外，也可用智利辣酱油。
- 请注意，为了让三文鱼香一点，只快速地煎至表面金黄。

【做法】

1. 用氟树脂加工的平底锅煎三文鱼至表面金黄（不放油）。

2. 顺着纹路将洋葱切成薄片，并泡于水中，然后沥干备用。

3. 姜切丝，小番茄切两半，备用。

4. 把所有酱汁加入碗里，拌匀，调成酱汁。

5. 三文鱼切成适合的大小，装盘，加入步骤 2 和步骤 3 中的蔬菜，最后淋上步骤 4 中的酱汁。

【材料】2 人份

三文鱼生鱼片（切丝）	150 克 / 位
洋葱	1/4 个
小番茄	适量
姜	2 块
[酱汁]	
柑橘酱汁	2 大匙
豆瓣酱（辣椒酱）	适量
蒜末	1 小匙
白糖	2 小匙
橄榄油	3 大匙
香醋	1 大匙
香油	1~2 小匙

推荐搭配

法国／勃艮第克莱门特玫瑰红起泡葡萄酒

意大利／梅洛托玫瑰红起泡葡萄酒

澳大利亚／碧汇玫瑰红起泡葡萄酒

鱿鱼番茄黄瓜沙拉

田崎真也的菜谱

- 除鱿鱼外，也可用章鱼和白鱼等的生鱼片。
- 除黄瓜外，也可用芹菜和生菜等。
- 可用辣椒酱和豆瓣酱等代替红辣椒。
- 如果没有柑橘汁，可用柠檬汁和酱油代替。
- 添加少量白醋和谷物醋以增加浓郁的味道。

【材料】2 人份

生鱿鱼片	1/2 片
成熟的西红柿（中）	1 个
黄瓜	1/2 根
香草（细叶芹）	适量
[酱汁]	
柑橘酱汁	2 大匙
番茄汁	2 大匙
盐、胡椒	适量
蒜蓉	少量
红辣椒	少量
橄榄油	1 大匙

【做法】

1. 切掉鱿鱼的触须，剥掉其身上的皮，切片。
2. 西红柿烫后去皮，去籽，果肉切成 3 厘米大小，黄瓜去皮后同样处理。
3. 把所有酱汁材料放到大碗中搅拌成酱。
4. 在盘子里依序放入鱿鱼、黄瓜、西红柿，最上面加上 3 勺酱和香草。
5. 食用时搅拌均匀。

推荐搭配

意大利／梅洛托玫瑰红起泡葡萄酒

法国／勃艮第克莱门特玫瑰红起泡葡萄酒

澳大利亚／碧汇玫瑰红起泡葡萄酒

塔塔酱金枪鱼白鱼

【材料】2 人份

金枪鱼肉	70 克 / 个
比目鱼等白鱼（切生鱼片）	70 克 / 个
葱花	1 大匙
碎青紫苏叶	1/2 大匙
盐、胡椒	适量
小番茄	适量
[酱汁]	
蛋黄酱	1 大匙
柠檬汁	2 小匙
稀酱油	2 小匙
芥末	适量

【做法】

1. 将金枪鱼和白鱼切成约 5 毫米厚的方形，放入碗中。

2. 在步骤 1 的碗内加入葱花和青紫苏叶，拌匀。

3. 将酱汁的配料放到另一个碗中，拌匀。倒入步骤 2 的碗内，整个拌匀后加入盐、胡椒粉，调味，装盘。

4. 用小番茄点缀，完成。

推荐搭配

美国／华盛顿黑比诺玫瑰红起泡葡萄酒

南非／维利纳经典玫瑰红起泡葡萄酒

法国／勃艮第克莱门特玫瑰红起泡葡萄酒

田崎真也的菜谱

- 金枪鱼可用三文鱼代替，白鱼可用扇贝代替。
- 如果你只做白鱼，那么和白起泡葡萄酒搭配甚佳。
- 酱汁中的芥末可用芥子辣酱、豆瓣酱、柚子胡椒等代替。
- 葱花、青紫苏叶可用其他香草代替。

猪肉红辣椒小炒

田崎真也的菜谱

- 猪肉可用鸡腿肉代替。
- 红辣椒可以换成辣椒粉。
- 大蒜要最后添加，以防炒焦。

【材料】2 人份

猪五花肉切细	100 克
红辣椒　（小）	4 个
洋葱	1/4 个
姜末	1 小匙
蒜末	2 小匙
[酱汁]	
橄榄油	1 大匙
番茄酱	2 大匙
酱油	2 小匙
白葡萄酒	2 大匙
盐、胡椒粉	适量

【做法】

1. 将五花肉切成小块，红辣椒去籽并切成适当的大小，洋葱切成薄片。
2. 用平底锅加热橄榄油，放入生姜、猪肉、红辣椒、洋葱，煸炒。
3. 加入蒜末、番茄酱、酱油、白葡萄酒，炒匀，再加入盐和胡椒调味，装盘。

推荐搭配

法国/波尔多克莱门特玫瑰红起泡葡萄酒

南非/维利纳经典玫瑰红起泡葡萄酒

美国/华盛顿黑比诺玫瑰红起泡葡萄酒

意大利冷面

田崎真也的菜谱

- 比冷面包装上说明的时间多煮30秒，马上用冷水冷却，如此可避免热的时候吃口感较硬。
- 可以不放罗勒（九层塔）叶。
- 做酱汁时要加洋葱碎等。

【做法】

1. 成熟番茄用水煮沸后捞出，去皮，切碎。

2. 将切碎的番茄和其他酱汁原料一起加入碗中，冷却备用。

3. 把意大利面放进1%浓度的盐水中，煮2分30秒，倒进筐箩里，马上用冷水冷却。

4. 把步骤3中的意大利面装盘，淋上步骤2中的酱汁，再加上罗勒叶。

【材料】2人份

意大利面（2份，煮开）	100克
罗勒叶	3～4片
[酱汁]	
番茄汁	200毫升
柠檬汁	1大匙
红辣椒酱	少量
成熟番茄	中等大小1个
盐、胡椒粉	适量

推荐搭配

意大利/
梅洛托玫瑰红起泡葡萄酒

推荐的白起泡葡萄酒名录

※ 请关注前面所讲的“口味基准”，它可帮助找到你喜欢的葡萄酒，而且有田崎真也的试饮点评，选购葡萄酒时请参考。

CALIFORNIA GRAND CUVEE

加利福尼亚州特酿白起泡葡萄酒

①美国（加利福尼亚） ②维贝尔葡萄园 ③霞多丽

★维贝尔家族从瑞士移居加利福尼亚，连续四代酿造葡萄酒。

🍷具有柑橘类、苹果等果香，和烤面包的香气很搭配，空气中萦绕着浓郁果香气和清爽酸味。

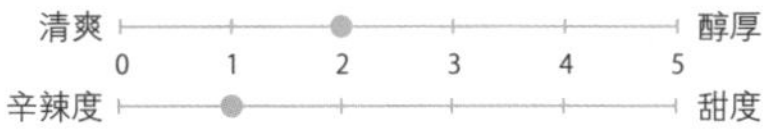

PIEMONTE MOSCATO

皮埃蒙特莫斯卡托白起泡葡萄酒

①意大利（皮埃蒙特）皮埃蒙特莫斯卡托产区 ②赛乐诗先驱者 ③莫斯卡托

★1988年在被誉为最佳的莫斯卡托栽培地的蒙哥镇山上新建了一座酒庄。

🍷具有成熟的麝香葡萄和瓜果香气。口感醇厚甘甜。

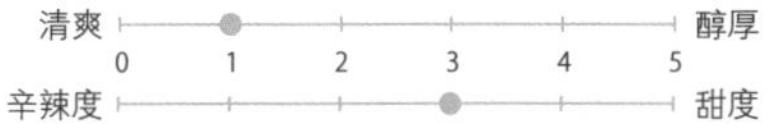

TOSO BRUT

托索白起泡葡萄酒

①阿根廷（门多萨） ②帕斯库尔托索酒庄 ③霞多丽、长相思

★曾在美国加利福尼亚州活跃的酿造家，据说他酿的酒只用来迎接评酒家，是高品质的葡萄酒。

🍷具有苹果和木梨那样的果香及花香，口感醇厚柔顺。

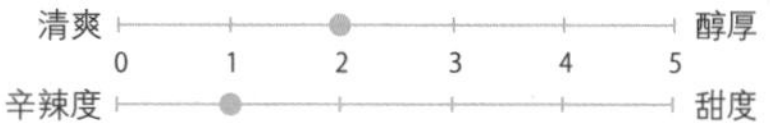

① 产地 ② 酿造酒庄 ③ 使用葡萄品种

ASTI

阿斯蒂白起泡葡萄酒

①意大利（皮埃蒙特）阿斯蒂产区
②玛伦可 ③莫斯卡托

★1990年成立的酒庄。0.8平方千米的葡萄园，纯手工采摘，遵循传统的手工酿造方法。

🍷具有协调的浓郁的麝香葡萄香气和白花花香。口感柔顺甜美，酸度清新。

	0	1	2	3	4	5	
清爽			●				醇厚
辛辣度				●			甜度

Moscato D'ASTI

莫斯卡托阿斯蒂白起泡葡萄酒

①意大利（皮埃蒙特）阿斯蒂产区
②卡斯勒特酒庄 ③莫斯卡托

★里约热内卢通过博家代代相传的酒庄。酒瓶上儿童画斯珀曼特插图是标志。

🍷具有华丽的麝香葡萄、甜瓜、白花的香气。醇厚的甜味和新鲜感十分协调。

	0	1	2	3	4	5	
清爽			●				醇厚
辛辣度				●			甜度

PROSECCO DI VALDOBBIADENE EXTRA DRY

瓦尔多比亚德尼普洛塞克经典干葡萄酒

①意大利（威尼托）瓦尔多比亚德尼普洛塞克产区
②德鲁吉安 ③普洛塞克

★三代相传的普洛塞克酒庄。20世纪80年代起，由专注数量到专注质量，直到目前还在不断改进工艺。

🍷具有柑橘类水果、白花、矿物质等的香气，口感清爽。

	0	1	2	3	4	5	
清爽		●					醇厚
辛辣度	●						甜度

GREENPOINT VINTAGE BRUT

碧汇白起泡葡萄酒

①澳大利亚（维多利亚）
②碧汇 ③黑皮诺、霞多丽、莫尼耶皮诺

★这是法国香槟产地的酩悦香槟公司在澳大利亚酿造的起泡酒。

🍷具有协调的苹果、白花、矿物质的香气。总体柔滑清新。

	0	1	2	3	4	5	
清爽			●				醇厚
辛辣度		●					甜度

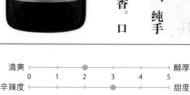

YELLOWGLEN PINOT NOIR CHARDONNAY VINTAGE

黄色格兰白起泡葡萄酒

①澳大利亚（维多利亚）巴拉瑞特产区 ②黄色格兰 ③黑皮诺、霞多丽

★凉爽的大陆性气候条件下，仅专注于起泡葡萄酒的葡萄酒生产商。成立于1975年。

🍷具有柑橘类水果和苹果的蜜饯果香、花香、矿物质的香气，口感醇厚、清爽。

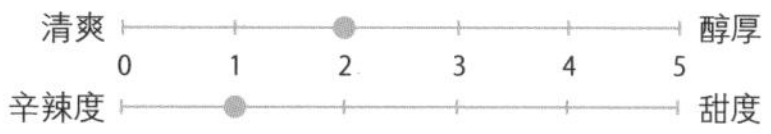

PLANTAGENET BRUT

金雀花白起泡葡萄酒

①澳大利亚（西澳大利亚）大南部产区 ②金雀花酒庄 ③黑比诺、霞多丽

★位于西澳大利亚最南端，在凉爽气候下种植的葡萄，酸度和甜度协调得非常好。

🍷具有苹果、木梨的蜜饯果香、矿物质、丁香花的香气，口感醇厚而清新。

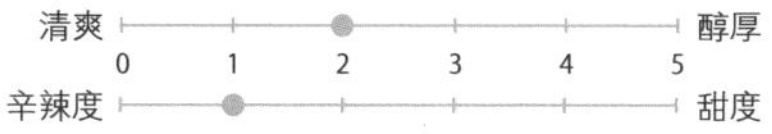

CAVA RESVREA BRUT

卡瓦白起泡葡萄酒

①西班牙（加泰罗尼亚）起泡葡萄酒 ②莱文多斯酒庄 ③马家婆、白珍拿、帕雷亚达

★始建于1497年，是一座历史悠久的酿造酒庄。自20世纪80年代创新酿造设备以来，一直生产独特的起泡葡萄酒。

🍷具有十分协调的柑橘类水果、白花和矿物质的香气，且醇厚之味悠长。

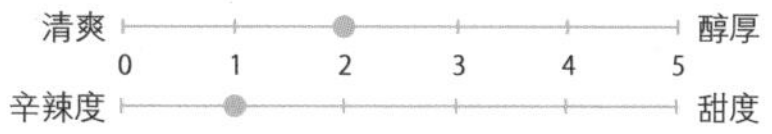

CAVA COLET A PRIORI BRUT

科莱特卡瓦白起泡葡萄酒

①西班牙（加泰罗尼亚）卡瓦产区 ②科莱特 ③马家婆、雷司令等

★葡萄酒名的『a priori』在加泰罗尼亚语中是『第一步』的意思。全部使用自己种植的葡萄酿造。

🍷具有柑橘类水果、青苹果的蜜饯果香、矿物香，果香浓郁，余韵悠长。

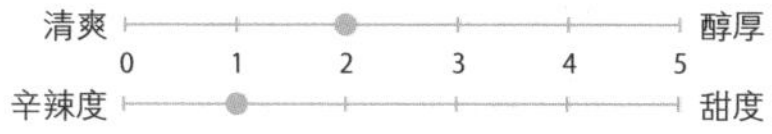

① 产地 ② 酿造酒庄 ③ 使用葡萄品种

CAVA COLET BLANC DE BLANCS EXTRA BRUT

科利特卡瓦白起泡葡萄酒

①西班牙（加泰罗尼亚）卡瓦产区
②科莱特 ③白珍拿、马家婆、帕雷亚达

★一位掀起西班牙葡萄酒界新风尚的年轻酿酒师科莱特的手笔。『想要酿造出好的葡萄酒，就必须彻底管理葡萄园』是科莱特的葡萄酒理念。

🍷具有柑橘类水果、白花、矿物质的香气。口感柔软清爽，矿物质香气悠长。

清爽	0	1	2	3	4	5	醇厚
辛辣度	●						甜度
清爽 → 醇厚			●				

ZELLER SCHWARZE KETZ SEKT TROCKEN

泽勒黑猫白起泡葡萄酒

①德国（摩塞尔产区）泽勒黑猫产区
②G. A. Schmidt ③雷司令、穆勒、图尔高

★G. A. Schmidt公司成立于1618年，在传统葡萄酒之乡的德国也是一个历史悠久的酒庄。这个村子的酒标上有的『黑猫』插图。

🍷具有淡淡的柑橘类水果、青苹果、麝香葡萄的香气。

清爽	0	1	2	3	4	5	醇厚
清爽 → 醇厚		●					
辛辣度 → 甜度		●					

PAUL ANHEUSER SEKT RIESLING Q.b.A. TROCKEN

保罗安海斯雷司令白起泡葡萄酒

①德国（纳赫）保罗安海斯产区
②巴特克罗伊茨纳赫县 ③雷司令

★大约400年历史的酒庄，在当地是一个地方领军企业。

🍷具有协调的柑橘类水果、青苹果、矿物质等的香气。口感清新、尖锐。

清爽	0	1	2	3	4	5	醇厚
清爽 → 醇厚		●					
辛辣度 → 甜度		●					

CREMANT DE BOURGOGNE BLANC DE BLANCS BRUT

勃艮第勃克莱门特白起泡葡萄酒

①法国（勃艮第）
②Cave de Mansay酒庄 ③霞多丽、阿里高特

★这款酒产自Mansay葡萄生产者协会的克莱门特。据法国葡萄酒杂志的评价，克莱门特拥有很高的人气。

🍷具有柑橘类水果、木梨、苦杏仁等香气，口感醇厚、浓郁，矿物质香气余韵悠长。

清爽	0	1	2	3	4	5	醇厚
清爽 → 醇厚			●				
辛辣度 → 甜度		●					

CRENANT D'ALSACE BRUT
阿尔萨斯白起泡葡萄酒

①法国（阿尔萨斯）
②Leon Manback酒庄 ③白皮诺、霞多丽

★这家酒庄拥有阿尔萨斯中部0.12平方千米的土地，其中20%是特级农场。有机栽培始于2000年。

🍷具有木梨等白肉果香、花香，口感柔顺，矿物质香气余韵悠长。

左	0–5	右
清爽	2	醇厚
辛辣度	1	甜度

CRENANT DE LOIRE BRUT
克雷曼特卢瓦尔河谷白起泡葡萄酒

①法国（卢瓦尔河谷）
②圣殿骑士团酒庄 ③长相思、霞多丽

★这个酿造酒庄1973年被新香槟酿造商『Bollinger』收购。它拥有0.65平方千米的土地，酒质稳定可靠。

🍷具有柑橘类水果、木梨、白花和矿物质的香气。

左	0–5	右
清爽	1	醇厚
辛辣度	1	甜度

SAUMUR BRUT
索米尔白起泡葡萄酒

①法国（卢瓦尔河）索米尔产区
②阿克曼・劳伦斯酒庄 ③白诗南

★这个地区以第一个酿造起泡葡萄酒而闻名。

🍷具有协调的木梨蜜饯和白花的香气。果香浓郁，口感清爽。

左	0–5	右
清爽	1	醇厚
辛辣度	1	甜度

CREMANT DE LIMOUX BRUT IMPERIAL
克莱门特利穆白起泡葡萄酒

①法国（朗格多克鲁西荣）利穆产区
②吉诺酒庄 ③莫札克、霞多丽、长相思

★是这个地区历史最悠久的酿造商，拥有三块不同土壤的土地，种植着不同品种的葡萄。

🍷具有木梨、洋梨蜜饯和蜂蜜、矿物质的香气。果香浓郁，口感醇厚。

左	0–5	右
清爽	3	醇厚
辛辣度	1	甜度

① 产地 ② 酿造酒庄 ③ 使用葡萄品种

推荐的玫瑰红起泡葡萄酒名录

※ 口味基准可帮助你找到喜欢的葡萄酒，而且有田崎真也的试饮点评，选购葡萄酒时请参考。

WASHINGTON BLANC DE NOIRS

华盛顿黑比诺玫瑰红起泡葡萄酒

①美国（华盛顿）哥伦比亚谷产区
②圣米歇尔酒庄 ③黑比诺等

★位于哥伦比亚谷北纬45～47度、1978年创立的酒庄。

🍷具有木莓、红樱桃和粉红胡椒的香气。口感醇厚柔顺，果味浓郁。

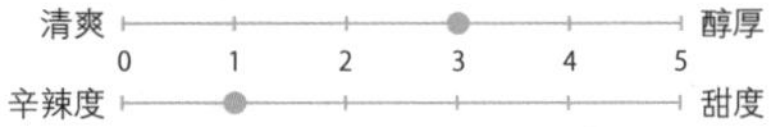

QVEE BRUT

梅洛托玫瑰红起泡葡萄酒

①意大利（艾米利亚罗马涅）
②卡维留里酒庄 ③黑比诺、霞多丽等

★卡维留里酒庄创立于1928年。它位于意大利美食之乡，以生火腿和奶酪闻名的艾米利亚罗马涅地区。

🍷具有红醋栗、木莓、苹果、矿物质的香气。口感醇厚柔顺。

GREENPOINT VINTAGE BRUT ROSE

碧汇玫瑰红起泡葡萄酒

①澳大利亚（维多利亚）
②碧汇酒庄 ③黑比诺、霞多丽、莫尼耶皮诺

★位于法国香槟地区的Moet et Chandon公司，在澳大利亚制造的起泡酒。

🍷具有木莓、粉红玫瑰、矿物质、奶油等的香气。口感醇厚柔软、清新。

BRUT TACHE

塔坦尼玫瑰红起泡葡萄酒

①澳大利亚（维多利亚）
②塔坦尼酒庄 ③霞多丽、黑比诺、莫尼耶皮诺

★创立于1969年。「Taltarni」源于土著语，这个地区的土壤是铁锈色的意思。

🍷具有树莓、红樱桃、矿物质的香气。口感圆润、醇厚。

清爽 0 1 2● 3 4 5 醇厚
辛辣度 0 1● 2 3 4 5 甜度

GREMANT DE BOURGOGNE ROSE

勃艮第克莱门特玫瑰红起泡葡萄酒

①法国（勃艮第）
②海拉皮尔酒庄 ③黑皮诺、佳美

★1972年在约讷河右岸的石灰岩矿区建立。把0.04平方千米的地下走廊作为酒庄。

🍷具有树莓糖果、花、矿物质、饼干等香气。口感醇厚柔软。

清爽 0 1 2● 3 4 5 醇厚
辛辣度 0 1● 2 3 4 5 甜度

GREMANT DE BORDEAUX ROSE SEC MILADY

波尔多克莱门特玫瑰红起泡葡萄酒

①法国（波尔多）
②Genre Ibararan酒庄 ③赤霞珠

★是克莱曼多·波尔多建造的酒庄，于1990年晋升为AOC级别。位于加龙河右岸的地下洞穴中。

🍷具有树莓、野草莓、香草、矿物质的香气和淡淡的调味料香气。口感醇厚柔顺，果味浓郁。

清爽 0 1 2● 3 4 5 醇厚
辛辣度 0 1● 2 3 4 5 甜度

VILLIERA TRADITION BRUT ROSE

维利纳经典玫瑰红起泡葡萄酒

①南非（珍珠谷）
②Viriera Estate酒庄 ③黑比诺、霞多丽、莫尼耶皮诺

★Gurier家族于20世纪70年代创立。1983年在斯泰伦博斯地区的Villiera购买了一块田地，正式开始进入酿酒行业。

🍷具有协调的红樱桃、红苹果、矿物质、坚果等香气。口感柔和醇厚，余韵悠长。

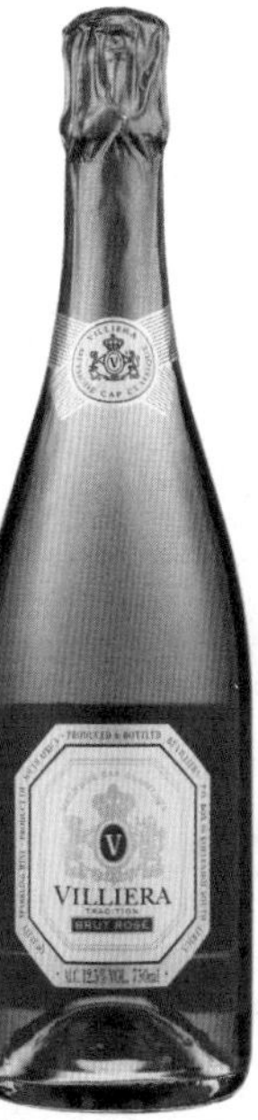

清爽 0 1 2● 3 4 5 醇厚
辛辣度 0 1● 2 3 4 5 甜度

① 产地 ② 酿造酒庄 ③ 使用葡萄品种

第2章 白葡萄酒和简单配菜

白葡萄酒和配菜的搭配方法

颜色匹配是葡萄酒和配菜搭配的重要方面。例如，要搭配白葡萄酒时，如果配菜的颜色是白色或绿色，就要尝试让它变黄。特别是如果搭配清爽型的葡萄酒，就添加香草或沙拉让配菜变成绿色。另外，如果是醇厚型的葡萄酒，想让配菜变成黄色，则加入黄油、奶酪或鸡蛋。也适合添加芝麻酱等调味料。而且，白葡萄酒和起泡葡萄酒一样酸味清爽，所以最好是搭配加入酸性材料的配菜。此外，甜型葡萄酒与加了鲜奶油和水果的调味料及烹饪方法，或加了日式甜料酒和白砂糖的配菜很搭配。不管是日式、西式，还是中式的配菜，都要广泛尝试。

白葡萄酒配菜

法式黄油烤扇贝

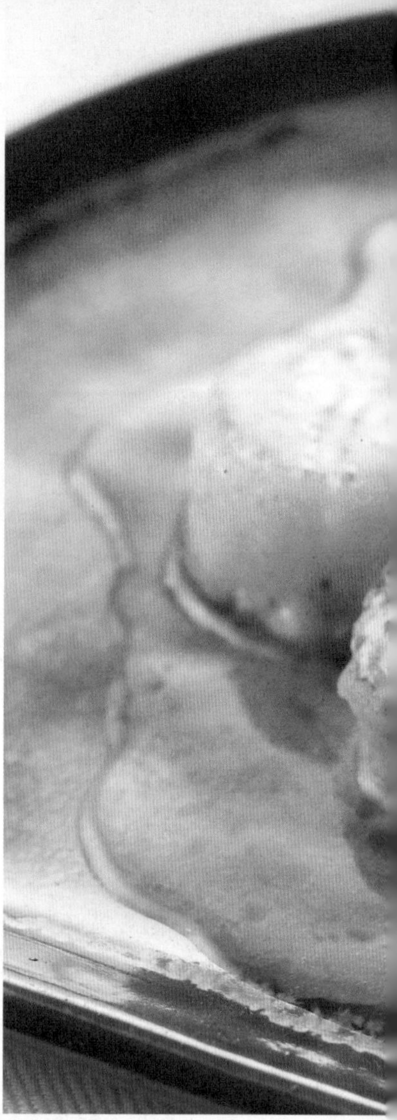

【做法】

1. 将扇贝撒上盐和胡椒，裹上小麦面粉，备用。

2. 将萝卜切成适当的大小，放入容器（可以用于微波炉）内，加入少量白葡萄酒、黄油，用保鲜膜包裹并加热。

3. 将柠檬汁、柑橘酱汁放入锅内加热，再加入黄油搅拌均匀，调成酱汁。

4. 平底锅放油加热，加黄油，扇贝煎两面。五分熟时关火装盘，淋上步骤 2 中的加了萝卜的酱汁。

推荐搭配

阿根廷／霞多丽白葡萄酒

阿根廷／霞多丽白葡萄酒

法国／圣韦朗村白葡萄酒

葡萄牙／杜奥依克加多白葡萄酒

【材料】2 人份

扇贝（刺身用）	6 个
小麦面粉	适量
盐、胡椒粉	适量
油	1 大匙
黄油	1 大匙
萝卜	1 个
白葡萄酒和黄油	各少量
[酱汁]	
柠檬汁	2 小匙
柑橘酱汁	1 大匙
黄油	2 大匙

田崎真也的菜谱

- 如果没有柑橘酱汁，可用白葡萄酒和酱油代替。
- 如果用白鱼以同样的方法制作法式黄油烤鱼，也可以搭配白葡萄酒。
- 萝卜可用其他的配菜代替。

拌白鱼刺身

【材料】2 人份

刺身用白鱼（图片上是比目鱼）	70 克 / 位
盐、胡椒粉	适量
柠檬汁	1.5 大匙
特级初榨橄榄油	3 大匙
小葱	适量
香草类（细叶芹、莳萝等）	适量

田崎真也的菜谱

- 柠檬汁可用酸橙、酸橘、臭橙等代替。
- 香草类也可根据喜好自由选择青紫苏叶、花穗等。

【做法】

1. 白鱼切成薄片，摆在盘子上（要避免重叠），撒上盐和胡椒粉。

2. 然后从上方淋上柠檬汁和特级初榨橄榄油。

3. 再加上小葱、香草类点缀，完成。

推荐搭配

新西兰/长相思白葡萄酒

法国/勒伊白葡萄酒

意大利/嘉维白葡萄酒

田崎真也的菜谱

- 沙丁鱼的火候很重要。
- 莳萝可用其他香草代替。
- 白葡萄酒醋可用谷物醋代替。

香渍沙丁鱼

【材料】2 人份

沙丁鱼（刺身用）	3 条
油	少量
洋葱（小洋葱）	3 个
香草（莳萝）	适量
白葡萄酒	3 大匙
白葡萄酒醋	1 小匙
柠檬汁	1 小匙
橄榄油	3 大匙
盐、胡椒粉	适量

【做法】

1. 将沙丁鱼分成三块，用盐和胡椒粉抹匀。小洋葱切成小圆环状薄片备用。

2. 用平底锅加热油，把沙丁鱼两面煎黄（5 分熟）。

3. 装盘，不用洗煎锅，依次加入白葡萄酒、白葡萄酒醋、柠檬汁、橄榄油并加热，再放入小洋葱，大火炒至洋葱断生，放入盐、胡椒粉调味，倒在沙丁鱼上。

4. 加香草点缀，完成。

推荐搭配

西班牙/下海湾阿尔巴利诺白葡萄酒

意大利/杰西卡特利经典优质维蒂奇诺白葡萄酒

美国/俄勒冈州灰皮诺白葡萄酒

卤章鱼香草风味

【材料】2 人份

沸腾章鱼	100 克
洋葱	1/4 个
柠檬汁	1 大匙
白葡萄酒醋	1 大匙
橄榄油	3 大匙
盐、胡椒粉	适量
香草类（罗勒叶、细叶芹、莳萝、意大利芹菜等）	适量

田崎真也的菜谱

- 能直接食用，若放冰箱冷藏约 1 小时会更入味。
- 香草可根据喜好准备。
- 白葡萄酒醋可用谷物醋代替。

【做法】

1. 将章鱼切成适当大小。
2. 把步骤 1 中的章鱼放在碗里，加入碎洋葱、柠檬汁、白葡萄酒醋、橄榄油、香草、胡椒粉，拌匀。
3. 装盘。

推荐搭配

法国／阿尔萨斯雷司令白葡萄酒

意大利／罗马阿布鲁佐特雷比奥罗白葡萄酒

西班牙／佩内德斯沙雷洛白葡萄酒

螃蟹土豆沙拉

田崎真也的菜谱

- 可用任何品牌的螃蟹罐头。
- 也可以不用细叶芹。

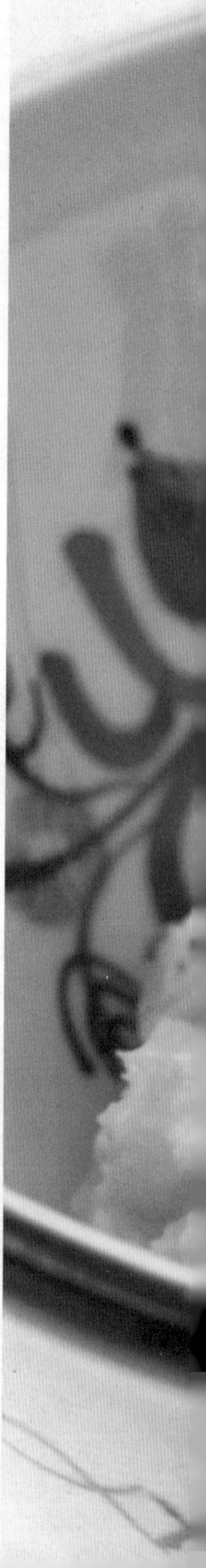

【材料】2 人份

螃蟹罐头	70 克 / 位
土豆（五月皇后）	小的 2 个
盐	适量
香草（细叶芹）	适量
[酱汁]	
蛋黄酱	1 大匙
精炼芥末	2 小匙
柑橘酱汁	1 小匙
胡椒粉	少量

【做法】

1. 将土豆切成 7～8 毫米的三角形，用盐水煮沸后自然冷却，备用。

2. 将酱汁材料放到碗中，加入步骤 1 中的土豆，加入螃蟹，拌匀。

3. 装盘，加上细叶芹点缀。

推荐搭配

德国/莱茵黑森雷司令白葡萄酒

日本/长野神御信浓雷司令白葡萄酒

法国/丘隆河产区白葡萄酒

虾、芹菜、杏鲍菇小炒

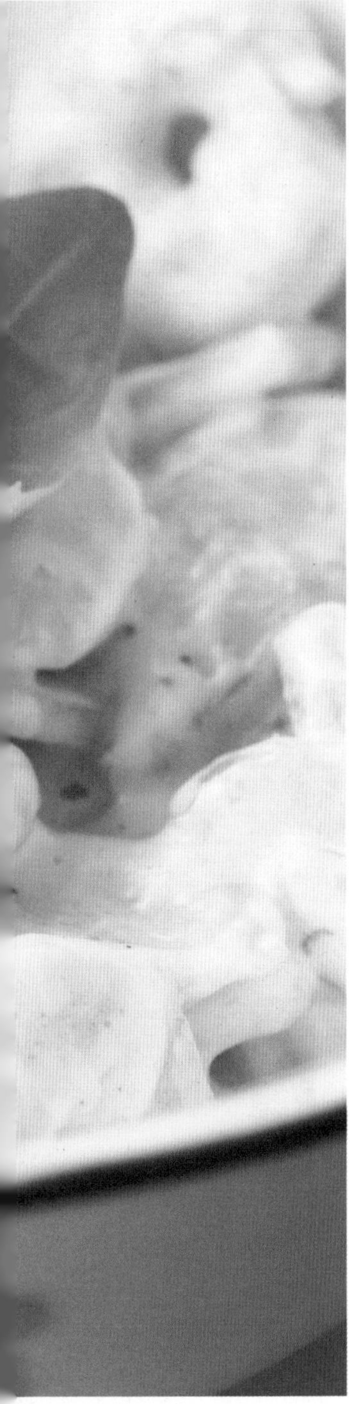

田崎真也的菜谱

- 可用黄色辣椒粉、绿皮西葫芦等代替芹菜。
- 如果没有第戎芥末，可用芥菜子代替，但切记须少量。

【材料】2 人份

煮沸的虾（小）	100 克
芹菜	1/2 根
杏鲍菇（大）	2 朵
橄榄油	1 大匙
蛋黄酱	2 大匙
第戎芥末	2 小匙
柠檬汁	2 小匙
白葡萄酒	2 大匙
蒜末	少量
盐、胡椒粉	适量
罗勒叶	适量

【做法】

1. 将芹菜竖切成 5 毫米的小块，杏鲍菇切成容易吃的大小，虾剥皮，备用。

2. 用平底锅加热橄榄油，倒入步骤 1 中的材料和蒜末，翻炒。

3. 依次加入白葡萄酒、蛋黄酱、芥末和柠檬汁，同时不停翻炒。加入盐和胡椒粉调味，然后装盘。根据喜好加入罗勒叶点缀。

推荐搭配

法国/勃艮第霞多丽白葡萄酒

意大利/罗神塔白葡萄酒

番茄、莫扎里拉奶酪、凤尾鱼小炒

田崎真也的菜谱

- 虽然番茄生吃也可以、但稍微煎一下会更有风味。
- 不放凤尾鱼也可以。
- 可用青紫苏叶或其他香草代替罗勒叶。

【做法】

1. 番茄、莫扎里拉奶酪切片，厚度小于 1 厘米。

2. 平底锅放少量油加热，加入番茄和莫扎里拉奶酪，两面煎。

3. 番茄装盘，上面放上莫扎里拉奶酪，再加上凤尾鱼片，淋入特级初榨橄榄油，再用罗勒叶点缀。

【材料】2 人份

莫扎里拉奶酪（新鲜类型）	1 片
成熟番茄	中 1 个
凤尾鱼（鱼片）	3 片
油	少量
特级初榨橄榄油	1 大匙
罗勒叶	适量

推荐搭配

意大利／杰西卡特利经典优质维蒂奇诺白葡萄酒

意大利／罗马阿布鲁仿特雷比奥罗白葡萄酒

意大利／弗拉斯卡蒂经典白葡萄酒

奶油煮鸡

【材料】2 人份

鸡腿肉	150 克
小麦面粉	适量
蘑菇	小，10 个
洋葱	1/4 个
鸡汤宝	100 毫升
白葡萄酒	100 毫升
乳脂奶油（脂肪含量 45%）	100 毫升
黄油	50 克
盐、胡椒粉	适量

【做法】

1. 把鸡腿肉切成适合的小块，均匀裹上盐、胡椒粉、小麦面粉。

2. 切下蘑菇梗，把蘑菇切成两半。

3. 将肉汤和白葡萄酒放入锅中开火，煮沸时加入步骤 1 中的鸡腿肉、步骤 2 中的蘑菇以及洋葱薄片。煮 3 到 4 分钟，加入乳脂奶油，煨 3 到 4 分钟，让鸡腿肉更入味。

4. 最后倒入黄油拌匀，用盐和胡椒粉调味，装盘。

推荐搭配

法国/勃艮第霞多丽白葡萄酒

意大利/西西里亚白葡萄酒

美国/华盛顿霞多丽白葡萄酒

田崎真也的菜谱

- 使用乳脂肪含量为 **45%** 的乳脂奶油。
- 用扇贝和虾代替鸡腿肉也很美味。

盐煮牡蛎

田崎真也的菜谱

- 确保牡蛎不过于熟。如果是生吃，五分熟就可以了。
- 如果没有小葱，可用其他青葱代替。
- 天然海水的盐浓度为 0.8％。因为设定了盐用量，所以天然海盐的品质是味道的决定因素。

【材料】2 人份

生牡蛎（也可加热煮熟）	10 个
小葱	1 根
水（做汤汁用）	500 毫升
海带（做汤汁用）	适量
天然海盐	4 克
白葡萄酒	50 毫升
特级初榨橄榄油	2 大匙

【做法】

1. 在锅里放入海带，加入盐和白葡萄酒。
2. 在步骤 1 的材料中放入牡蛎和切成 5 厘米长的小葱，煮沸。
3. 和汤一起装盘，淋上特级初榨橄榄油。

推荐搭配

日本／山梨甲州丹尼杜博迪安白葡萄酒

法国／慕斯卡德白葡萄酒

奥地利／瓦豪芳草级绿维特利纳白葡萄酒

蒜油花椰菜

田崎真也的菜谱

- 根据花椰菜的大小，调整微波炉的加热时间。
- 可用咸鱼代替凤尾鱼。
- 可加少量朝天椒。

【材料】2 人份

花椰菜	小 1 个
白葡萄酒	2 大匙
橄榄油	4 大匙
蒜末	1 大匙
凤尾鱼（里脊）	4 条
盐、胡椒粉	适量

【做法】

1. 将摘掉叶子的花椰菜整个放到盘中（盘子可用于微波炉），淋入白葡萄酒，用保鲜膜包裹，加热 5 ～ 6 分钟 (600W)。

2. 在平底锅中倒入亚麻籽油，放入蒜末。当蒜末变成棕色时关火，并与凤尾鱼拌匀。加盐、胡椒粉调味，放在步骤 1 中的花椰菜上面，装盘。

3. 食用时用刀切开花椰菜。

推荐搭配

意大利／索阿维白葡萄酒

法国／阿尔萨斯希瓦那白葡萄

西班牙／下海湾阿尔巴利诺白葡萄酒

微咸鲑鱼配温泉蛋黄酱

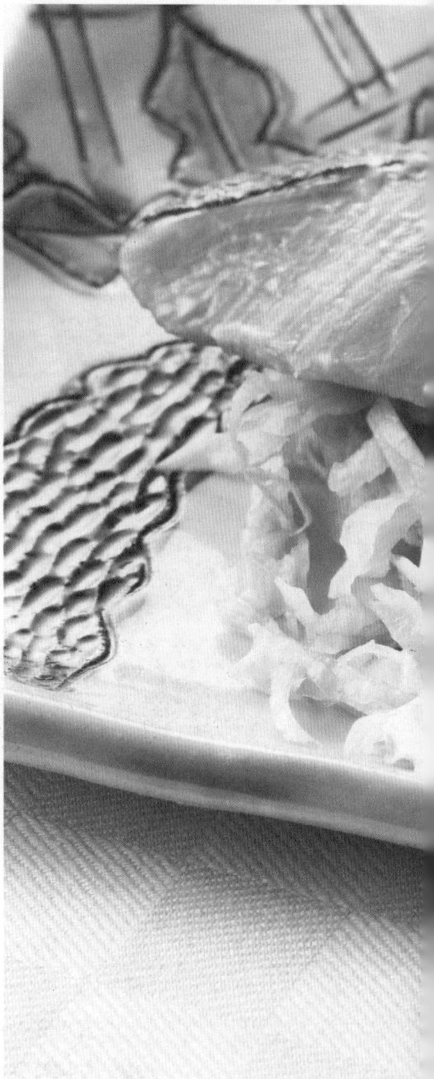

【材料】2 人份	
微咸鲑鱼	2 条
温泉鸡蛋	2 个
生菜	适量
[酱汁]	
蛋黄酱	1.5 大匙
鲜奶油	2 大匙
第戎芥末	2 小匙

【做法】

1. 将微咸鲑鱼放烤架上烤。取出容器中的温泉蛋，备用。
2. 将生菜切丝装盘，放入步骤 1 中的微咸鲑鱼和鸡蛋。
3. 将酱汁的配料放入碗中并充分拌匀。
4. 将步骤 3 中的酱汁淋到步骤 2 中的材料上。
5. 食用时将鸡蛋搅拌开。

推荐搭配

西班牙/罗德瑞兹巴萨白葡萄酒

意大利/雷德西罗白葡萄酒

法国/丘隆河产区白葡萄酒

田崎真也的菜谱

- 鲑鱼可用平底锅稍微煎熟。
- 温泉鸡蛋可用荷包蛋或扇贝蒸蛋代替。
- 生菜可以用其他蔬菜代替。

煎鸡胸肉配沙拉

田崎真也的菜谱

- 也适用于扇贝、白鱼等。
- 蔬菜可以是其他沙拉。
- 可以使用市售的色拉调料。
- 鸡胸肉煎得太过火会变老，请注意火候。

【做法】

1. 去掉鸡胸肉中间的筋。将面包屑和粉状奶酪以 2:1 的比例混合。

2. 在步骤 1 中的鸡胸肉中加盐、胡椒粉、小麦面粉、鸡蛋液、混合的面包屑和奶酪屑。

3. 平底锅放橄榄油加热，加入黄油。黄油融化后加入步骤 2 中的鸡胸肉，两面煎。

4. 盘中放入蔬菜、色拉调料，加入步骤 3 中的鸡胸肉和细叶芹，完成。

【材料】2 人份

鸡胸肉	3 大块	黄油	3 大匙
小麦面粉	适量	香草（细叶芹）	适量
鸡蛋液	1 个	[酱汁]	
面包糠（细小型）	适量	柠檬汁	1 大匙
奶酪屑	适量	第戎芥末	1 大匙
蔬菜	适量	橄榄油	3 大匙
盐、胡椒粉	适量	盐、胡椒粉	少量
橄榄油	4 大匙		

推荐搭配

法国/阿尔萨斯灰皮诺白葡萄酒

日本/长野霞多丽白葡萄酒

日本/熊本霞多丽菊鹿夜丰收白葡萄酒

香菇鸡蛋饼

田崎真也的菜谱

- 鸡蛋的火候和翻转平底锅是重点。
- 香菇可用蘑菇代替。

【做法】

1. 把 1 勺黄油用微波炉融化，冷却后加鸡蛋、乳脂奶油、盐、胡椒粉，拌匀。
2. 香菇每个切成 4 等份，在平底锅中加入橄榄油、黄油、蒜末、切碎的意大利芹菜、盐、胡椒粉，一起煸炒。
3. 把步骤 2 中的材料倒进步骤 1 的材料中，抖匀香菇。
4. 将步骤 3 中的材料盖上盖子，用小火煎熟鸡蛋。
5. 打开盖子，盖上一个大于平底锅直径的盘子，立即翻转平底锅，将菜倒扣到盘子上。

【材料】2 人份

香菇	8 个
橄榄油	1 大匙
蒜末	2 小匙
意大利芹菜	适量
鸡蛋	4 个
乳脂奶油（脂肪含量 45%）	3 大匙
黄油	1 大匙
盐、胡椒粉	适量

推荐搭配

西班牙/里奥哈白葡萄酒

西班牙/塞格雷河岸产区白葡萄酒

西班牙/佩内德斯沙雷洛白葡萄酒

焖猪肉白菜

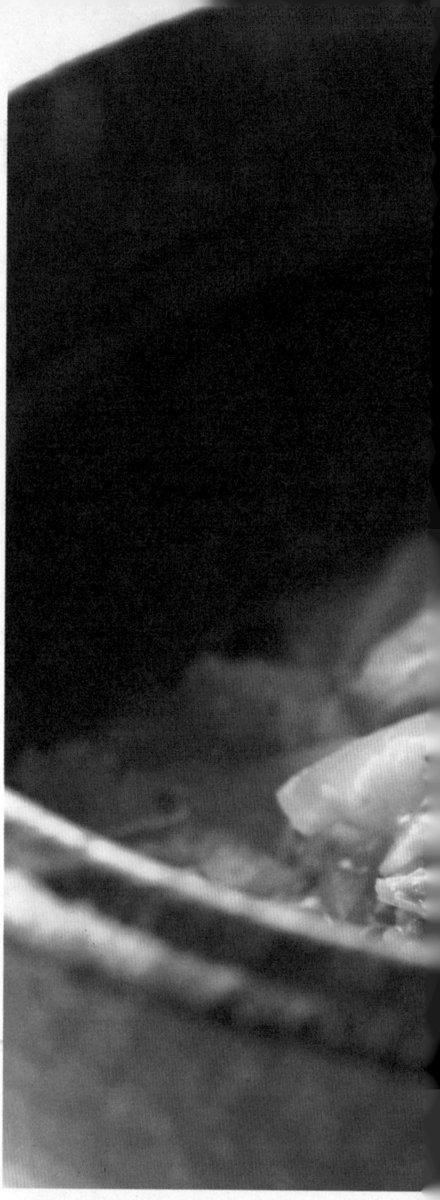

【材料】2 人份

猪五花肉薄片	100 克
白菜	1/8 棵
鸡精	100 毫升
白葡萄酒	100 毫升
粒状芥末	1 大匙
柑橘酱汁	1 大匙
盐、胡椒粉	适量
橄榄油	2 大匙

【做法】

1. 将猪五花肉切成约 5 厘米长，把白菜帮的部分切小一些，软的部分切得稍大一些。

2. 锅里放入油（少量）加热，加入猪五花肉稍微炒一下，再加鸡精和白葡萄酒，小火煨。

3. 加入粒状芥末、柑橘酱汁、盐、胡椒粉，调至味道较浓。

4. 先加入白菜帮的部分，再在上面覆盖白菜叶的部分，盖上锅盖焖约 3 分钟。

5. 装盘时先装白菜叶的部分，在上面铺上白菜帮的部分和猪五花肉，淋上橄榄油，完成。

推荐搭配

法国／布哲隆阿里高特白葡萄酒

法国／邱隆河产区克雷特斯阿贝丽思白葡萄酒

智利／霞多丽白葡萄酒

田崎真也的菜谱

- 肉汤可用热水溶解的固体食物代替。
- 五花肉可用其他部位的肉代替。
- 如果没有粒状芥末，可使用其他芥末。

白葡萄酒配菜

冷涮牛肉水芹卷

【材料】2人份

冷涮牛肉	150克
水芹	1把
[酱汁]	
冷涮用芝麻酱	3大匙
柠檬汁	1大匙
芥末	适量
橄榄油	2大匙

【做法】

1. 将牛肉用开水涮后，立即放入冷水中，然后沥干水分。

2. 沥干水分后，把水芹切成约6厘米长（从叶子开始切）并用牛肉将其卷起来。

3. 排列装盘，将酱汁的配料在碗中搅拌均匀，然后淋在牛肉上，完成。

推荐搭配

法国／阿尔萨斯托卡伊灰皮诺白葡萄酒

美国／俄勒冈州灰皮诺白葡萄酒

法国／木桐嘉棣珍藏白葡萄酒

田崎真也的菜谱

- 牛肉可用猪肉代替。
- 水芹可用水菜、意大利芹菜代替。

白葡萄酒（甜型）配菜

煎里脊火腿配苹果酱

【材料】2 人份

里脊火腿（切成小于 1 厘米的厚度）	2 块
苹果	1 个
苹果汁	100 毫升
鸡精（颗粒）	2 小匙
蜂蜜	少量
柠檬汁	1 大匙
黄油	2 小匙
盐、胡椒	适量
香草（龙蒿叶）	适量

【做法】

1. 做酱汁。在锅内放入苹果末、苹果汁、柠檬汁、蜂蜜、鸡精，加热，煮至四五成熟的程度，加入盐和胡椒调味。完成后添加黄油，充分拌匀。

2. 里脊火腿撒上胡椒粉，用经过含氟聚合物处理的煎锅煎两面（不放油），装盘。

3. 淋上步骤 1 中的酱汁，添加龙蒿叶等香草点缀，完成。

田崎真也的菜谱

- 如果没有苹果汁，请增加苹果的数量。
- 不放龙蒿叶也可以。

推荐搭配

德国／班卡斯特勒雷司令甜型白葡萄酒

德国／奥尔加特莱茵黑森地区施埃博甜型白葡萄酒

煎香蕉猪排

田崎真也的菜谱

- 香蕉硬一些会比较好煎。
- 也可以切成圆片。

【材料】2人份

猪里脊肉（炸肉排用）	2块
香蕉	2根
盐、胡椒粉	适量
橄榄油	1大匙
[酱汁]	
白葡萄酒	4大匙
柠檬汁	1大匙
蜂蜜	2小匙
姜末	少量
黄油	2大匙
盐、胡椒粉	适量

【做法】

1. 做酱汁。将白葡萄酒和柠檬汁放入锅中，煮至只剩一半的程度。

2. 加入蜂蜜、姜末、黄油，拌匀，再加入盐和胡椒粉调味。

3. 用平底锅加热橄榄油，煎用盐和胡椒粉腌制的里脊肉，装盘。

4. 用步骤3中的平底锅两面煎纵切成两半的香蕉，煎软后放到猪肉上。

5. 淋上步骤2中的酱汁。

推荐搭配

德国/策尔黑猫雷司令甜型白葡萄酒

德国/精选奥斯雷斯甜型白葡萄酒

墨鱼和秋葵 猕猴桃口味

【做法】

1. 墨鱼切丝，秋葵切丁，猕猴桃剥皮后切丁。

2. 将 1 中的所有配料放入碗中，加入调味料并搅拌均匀，装盘。

推荐搭配

德国／班卡斯特勒雷司令甜型白葡萄酒

德国／奥尔加特莱茵黑森地区施埃博甜型白葡萄酒

田崎真也的菜谱

- 墨鱼可用扇贝、甜虾等代替。
- 可添加西柚和芒果等。
- 秋葵可用芹菜和黄瓜代替。

【材料】2 人份

墨鱼生鱼片（枪乌贼等）	1 片
秋葵	6 个
猕猴桃	1 大个
[酱汁]	
柠檬汁	1 大匙
柑橘酱汁	3 大匙
橄榄油	2 大匙
盐、胡椒粉	适量

煎鸡胸肉配沙拉

白葡萄酒（甜型）配菜

田崎真也的菜谱

- 这种酱汁还可用于猪肉、鸭肉等。
- 掌握白砂糖融化成焦糖的时间很重要。
- 鸡精可用固体的，再用开水溶解。

【材料】2 人份

鸡胸肉（去皮）	150 克	[酱汁]	
盐、胡椒	适量	橙汁	100 毫升
小麦面粉	适量	橙皮	少量
鸡蛋液	2 个的量	白葡萄酒	2 大匙
油	2 大匙	鸡精	4 大匙
黄油	1 大匙	白糖	1 大匙
		黄油	1 大匙
		盐、胡椒粉	适量

【做法】

1. 尽可能去除橙皮内侧的白色部分。鸡胸肉切成一口大小、加入盐、胡椒粉，拌匀。

2. 做酱汁。锅中加入白糖，开火，待变成焦糖色时加入橙汁，加热至糖融化。加入白葡萄酒、鸡汤宝、切细的橘皮，煮至一半量时加入黄油、盐、胡椒粉、拌匀后做成酱汁。

3. 将步骤 1 中的鸡肉依次裹上小麦粉和鸡蛋液，用平底锅加热油和黄油，再放入鸡肉两面煎，装盘。

4. 淋上步骤 2 中的酱汁。

推荐搭配

德国／精选奥斯雷斯甜型白葡萄酒

法国／莱昂丘产区甜型白葡萄酒

法国／维克比勒帕歇汉克甜型白葡萄酒

蓝纹奶酪、黄油慕斯

田崎真也的菜谱

- 虽然用洛克福羊乳奶酪比较好，但也可以用戈贡佐拉奶酪、斯蒂尔顿奶酪或其他的蓝纹奶酪代替。
- 加入咸饼干和法国面包会更好。

【材料】2 人份

洛克福羊乳奶酪（蓝纹奶酪）	50 克
黄油（不含有盐分）	50 克
鲜奶油	50 毫升
[配菜]	
干杏仁、干芒果、坚果等	适量

【做法】

1. 用叉子和勺子把在室温下的洛克福羊乳奶酪和黄油搅拌均匀。

2. 在步骤 1 的材料中加入鲜奶油，充分拌匀后装盘。

3. 加入您喜爱的干果和坚果。

推荐搭配

匈牙利／托卡伊哈斯诺威乐甜型白葡萄酒

法国／维克比勒帕歇汉克甜型白葡萄酒

法国／卡迪拉克酒庄甜型白葡萄酒

推荐的白葡萄酒名录

※ 查看口味基准可以找到喜欢的葡萄酒，而且还有田崎真也的试饮点评，选购葡萄酒时请参考。

CHARDOONNAY

北海道霞多丽白葡萄酒

①日本（北海道）三笠市产区 ②山崎酿酒厂 ③霞多丽

★北海道三笠市，穿过农家，有一个酿酒厂。在南坡的一片田地里种植着霞多丽葡萄。

🍷具有洋梨、黄桃的蜜饯香气，还有饼干、白花的香气。口感醇厚柔顺。

清爽 0 1 ●2 3 4 5 醇厚

CHARDOONNAY

山形县高畠酒庄霞多丽橡木熟成白葡萄酒

①日本（山形县）高畠町产区 ②高畠葡萄酒 ③霞多丽

★高畠酒庄于18年前创立，旨在酿造和销售以山形县种植的葡萄为原料的当地葡萄酒。

🍷具有柑橘类水果、黄色苹果、矿物质、坚果、白花等的香气。口感柔和、顺滑，余韵清香。

清爽 0 1 ●2 3 4 5 醇厚

ARUGA BRANCA CLAREZA

山梨县白葡萄酒

①日本（山梨县）胜沼町产区 ②胜沼酿造 ③甲州

★创立于1937年。在被称为葡萄之乡的胜沼，这是一个真正全面生产葡萄酒的酒庄。在当地也经营餐馆、传播信息。

🍷具有协调的柑橘类水果、香草、矿物质的香气。口感柔和、顺滑，味道协调。

清爽 0 1 ●2 3 4 5 醇厚

HOSHU CUVEE DENIS DUBOURDIEU

山梨甲州丹尼杜博迪安白葡萄酒

① 日本（山梨县）胜沼町产区
② 中央葡萄酒 ③ 甲州

★ 全球酿造研究方面的权威丹尼杜博迪安教授在甲州制造的葡萄酒。这是在全球销售的首种日本葡萄酒。

具有协调的葡萄柚、白花、矿物质的香气。口感醇厚、柔滑，清爽的酸味悠长。

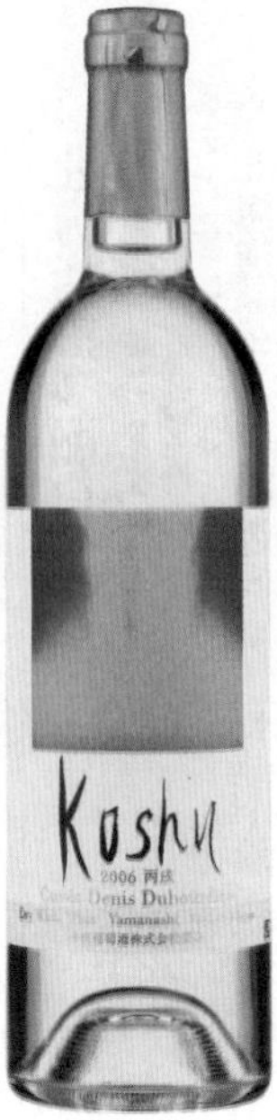

清爽 0 1 2 3 4 5 醇厚

CHATEAU MERCIAN KOSHU RIIROKA

山梨县美露香酒庄甲州黄香白葡萄酒

① 日本（山梨县）胜沼町产区
② 美露香 ③ 甲州

★ 这种酒的概念是传达『日本的细腻和优雅』，表达日本人的微妙情感和土地、品种的个性。

具有葡萄柚蜜饯中的白花和矿物质的香气。口感醇厚、平衡。

清爽 0 1 2 3 4 5 醇厚

ZENKOJI

山梨县善光寺白葡萄酒

① 日本（山梨县）胜沼町产区
② 中央葡萄酒 ③ 善光寺

★ 全球酿造研究方面的权威丹尼杜博迪安教授以日本传统的葡萄品种为原料，在善光寺酿造的首种在全球销售的日本葡萄酒。

具有协调的梨蜜饯中的白花和矿物质的香气。口感柔顺、醇厚。

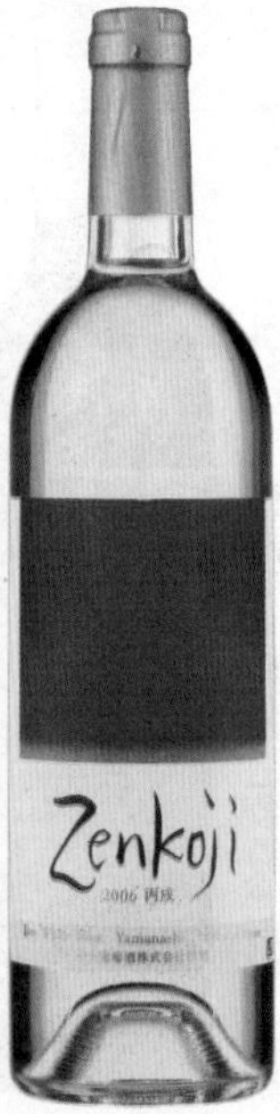

清爽 0 1 2 3 4 5 醇厚

SOLARIS SHINANO RIESLING

长野神御信浓雷司令白葡萄酒

① 日本（长野）小诸市产区
② Men's Wine 酒庄 ③ 信浓雷司令

★『信浓雷司令』是Men's Wine 用霞多丽与雷司令杂交得来的品种。由长野县小俤诸倮伐酿酒庄生产。

具有协调的柑橘蜜饯、白花和矿物质的香气。口感柔和、酸味优质。

清爽 0 1 2 3 4 5 醇厚

CHARDONNAY

长野霞多丽白葡萄酒

① 日本（长野县）盐尻市产区
② 井筒葡萄酒 ③ 霞多丽

★位于北阿尔卑斯山麓桔梗原的酒庄。海拔700米，昼夜温差大，种植的葡萄优质。

🍷具有协调浓郁的木梨和洋梨蜜饯、白花、矿物质等的香气。果味醇厚，酸味清爽。

CHARDONNAY

长野霞多丽白葡萄酒

① 日本（长野县）饭纲町产区
② 圣久世酒庄餐厅 ③ 霞多丽

★成立于1990年。在饭纲町拥有约0.1平方千米的土地。在勃艮第地区接受培训的员工负责酿酒。

🍷具有协调的木梨、黄桃、白花、坚果等的香气。口感醇厚、柔顺、平衡。

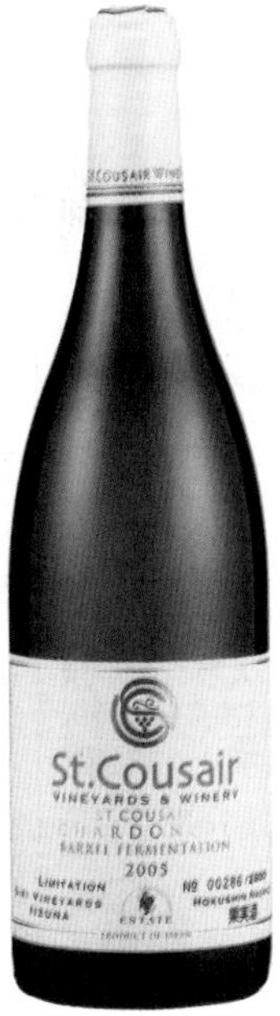

SHIDA SUR LIE

静冈县志太酒泥陈酿白葡萄酒

① 日本（静冈县）伊豆产区
② 志太中伊豆酒庄 ③ 甲州

★2001年在伊豆半岛诞生的酒庄。拥有0.06平方千米的土地。在山梨县、长野县、山形县有契约栽培地。

🍷具有葡萄柚和梨的蜜饯香气，还有花香和矿物质的香气。口感柔顺、平衡。

CHARDONNAY KIKUKA NIGHT HARVEST

熊本霞多丽菊鹿夜丰收白葡萄酒

① 日本『熊本县』熊本产区
② 熊本葡萄酒 ③ 霞多丽

★创立于1999年。座右铭是『本地生产，本地消费』。与熊本县山鹿市菊鹿的葡萄农家签订了合同。因为葡萄是在午夜时分温度低的时候人工采摘的，所以被命名为『夜丰收』。

🍷具有协调的黄苹果、黄桃、黄花、坚果和香草的芬芳。口感醇厚，果味浓郁。

CALIFORNIA FUME BLANC

加利福尼亚州白富美白葡萄酒

① 美国（加利福尼亚州）帕索罗布尔斯产区
② 海狸庄园 ③ 白富美

★ 酒庄名称中的『Castoro』是意大利语，意思是海狸，来自主人的昵称。自20世纪80年代初开始酿酒。

具有协调的木梨蜜饯、香草、坚果的香味。酸甜适口，口感醇厚。

CALIFORNIA SAUVIGNON BLANC

加利福尼亚州长相思白葡萄酒

① 美国（加利福尼亚州）圣达菲山谷产区
② 布兰德酒庄 ③ 长相思

★ 位于圣巴巴拉市寒冷的地区圣达菲山谷。只用自己种植的葡萄酿造。性价比高。

具有柑橘类水果、苹果、树芽、白花的香味。果味柔顺，酸度清爽，十分协调。

CALIFORNIA VIOGNIER

加利福尼亚州维欧尼白葡萄酒

① 美国（加利福尼亚州）
② 克莱因 ③ 维欧尼

★ 现任主人的祖父是发明了Jacuzzi按摩浴缸的Jacuzzi先生。百分之百采用太阳能电池经营的环保型酒庄。

具有浓郁的黄桃、杏的蜜饯香味和白花的芬芳。口感醇厚、平衡。

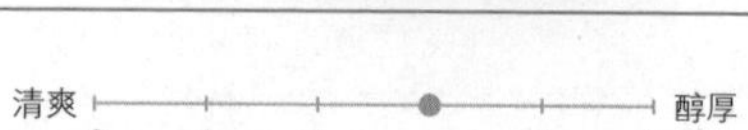

OREGON PINOT GRIS

俄勒冈州灰皮诺白葡萄酒

① 美国（俄勒冈州）威拉米特河谷产区
② 威拉米特河谷葡萄酒庄 ③ 灰皮诺

★ 创立于1983年。总经理Jim Burnhu致力于发展俄勒冈州的葡萄酒产业，并被誉为领导者。

具有浓郁的洋梨、白桃的蜜饯香气和白花香气。口感顺滑醇厚。

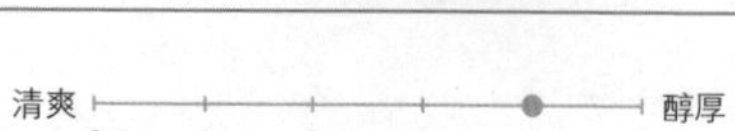

WASHINGTON CHARDONNAY

华盛顿霞多丽白葡萄酒

① 美国（华盛顿州）哥伦比亚谷产区 ② Snoqualmie酒庄 ③ 霞多丽

★ 华盛顿州首批高档酒庄之一。创立于1981年。由一位女性酿酒师亲自酿造。

🍷 具有梨和黄桃、蜜饯、黄花、坚果的香味。口感醇厚、柔软，果香悠长。

清爽 0 1 2 3 4 5 醇厚 [标记：4]

CHARDONNAY

霞多丽白葡萄酒

① 阿根廷（门多萨） ② 台阶酒庄 ③ 霞多丽

★ 酩悦轩尼诗路易威登集团旗下的酒庄。所使用的葡萄，种植地在安第斯山脉的包围中，是世界上海拔最高的葡萄种植地。

🍷 具有黄桃和杏的蜜饯、黄花、奶油面包的香气。口感醇厚、丰满的果香余韵悠长。

清爽 0 1 2 3 4 5 醇厚 [标记：4]

CHARDONNAY

霞多丽白葡萄酒

① 阿根廷（门多萨） ② 卡氏家族酒庄 ③ 霞多丽

★ 创立于1902年。该酒庄拥有海拔850米至1500米的5块土地。2000年以来，与法国波尔多排名第一的拉菲罗斯柴尔德酒庄合作。

🍷 具有协调的黄桃和菠萝蜜蜜饯、坚果、花的香气。果香浓郁，口感醇厚、柔软。

清爽 0 1 2 3 4 5 醇厚 [标记：4]

GAVI DE GAVI

嘉维白葡萄酒

① 意大利（皮埃蒙特）佳味 ② 克罗柏坎 ③ 柯蒂斯

★ 位于意大利北部皮埃蒙特大区的亚历山德里亚省的酒庄。葡萄的平均树龄是30年。每年酿造2万瓶。

🍷 具有协调的柑橘类蜜饯、白花、矿物质等的香气。口感柔顺，酸味清新。

清爽 0 1 2 3 4 5 醇厚 [标记：2]

ISONZO DEL FRIULI CHARDONNAY

弗留利伊松佐产区霞多丽白葡萄酒

① 意大利（弗留利威尼斯朱利亚）弗留利伊松佐产区
② Collavini酒庄 ③ 霞多丽

★ 这是四代相传的酒庄。修复了在16世纪中叶建造的伯爵夫人的房子，并把它当作酒窖。

🍷 具有协调的如梨和黄桃等果香、花香、坚果香气。醇厚的果香和上乘的酸度余韵悠长。

清爽 0 1 2 ●3 4 5 醇厚

VALLAGARINA CHARDONNAY

意大利瓦莱加里纳产区霞多丽白葡萄酒

① 意大利（特伦蒂诺）瓦莱加里纳IGT
② Atezia酒庄 ③ 霞多丽

★ 瓦莱加里纳是一个有着古老历史的土地，甚至还有1世纪时有关这块土地上的葡萄记录。

🍷 具有洋梨和黄桃蜜饯、白花、杏仁的香气。口感醇厚、柔软，果香浓郁。

清爽 0 1 2 ●3 4 5 醇厚

PINOT GRIGIO DELLE VENEZIE DANZANTE

麓鹊酒园丹泽皮诺格力得白葡萄酒

① 意大利（威内托大区）威尼斯IGT产区
② 麓鹊酒庄 ③ 贝尼特

★ 这是意大利著名的花思蝶酒庄和加利福尼亚著名的蒙大维酒庄合作酿造的一款酒。

🍷 具有浓郁的白桃和无花果蜜饯、白玫瑰香气。口感醇厚、圆润。

清爽 0 1 2 ●3 4 5 醇厚

SOAVE

索阿维白葡萄酒

① 意大利（威内托大区）索阿维葡萄酒产区
② Tamerini酒庄 ③ 卡尔卡耐卡

★ Tamerini酒庄的宗旨是不使用橡胶桶或霞多丽品种，单纯反映土壤的个性。

🍷 具有柑橘类水果和青苹果蜜饯、白花、矿物质的香气。口感协调、柔顺。

清爽 0 1 ●2 3 4 5 醇厚

VERDICCHIO DEI CASTELLI DI JESI CLASSICO SUPERIORE

杰西卡特利经典优质维蒂奇诺白葡萄酒

① 意大利（马尔凯）杰西卡特利产区
② 卡萨法雷多酒庄 ③ 维蒂奇诺

★ 本着探索、创新酿造方法的宗旨，酒庄于 1996 年创立。拥有 0.6 平方千米的土地。

具有柑橘类水果、白花、香草、矿物质的香气。口感柔顺、醇厚、浓郁，果香悠长。

TORGIANO TORRE DI GIANO

罗神塔白葡萄酒

① 意大利（翁布里亚）托尔吉亚诺产区
② 龙阁罗醍酒庄 ③ 特雷比安诺、格莱切多

★ 托尔吉亚诺是一个繁华的中世纪城市。创始人以意大利葡萄酒酿造先驱的身份而闻名。

具有协调的柑橘类水果和木梨蜜饯、白花、矿物质的香气。口感柔顺醇厚。

FRASCATI SUPERIORE

弗拉斯卡蒂经典白葡萄酒

① 意大利（拉齐奥）弗拉斯卡蒂法定产区
② 古堡红 ③ 马尔瓦西亚起泡葡萄酒

★ 弗拉斯卡蒂代表性酒庄。自 20 世纪 90 年代中期以来，用无杀虫剂的有机肥来种植葡萄。

具有协调的柑橘类水果、白花、矿物质的香气。口感柔顺醇厚。

TREBBIANO D'ABRUZZO SOMA

罗马阿布鲁佐特雷比奥罗白葡萄酒

① 意大利（阿布鲁佐大区）阿布鲁佐特雷比奥罗产区
② Cueza Grande酒庄 ③ 特雷比奥罗

★ 该酒庄位于亚平宁山脉山麓、佩斯卡拉内陆，海拔 300 ~ 400 米，气候凉爽。

具有协调的青苹果和木梨蜜饯、白花、矿物质等的香气。口感柔和，果味平衡。

CIRO BIANCO RES DEI

雷德西罗白葡萄酒

① 意大利（卡拉布利亚大区）西罗产区
② 伊波利托1845酒庄 ③ 佳琉璞、克莱雷、格雷克

★成立于 1845 年，在卡拉布利亚大区是历史最悠久的酒庄。在Chiro地区拥有 1 平方千米的土地。标签使用的是画家克里姆特的画。

🍷具有葡萄柚、白花、白色调味料、矿物质的香气。口感醇厚、柔软。

SICILIA LA SEGRETA

西西里亚赛格丽特白葡萄酒

① 意大利（西西里亚）西西里岛IGT产区
② Planeta酒庄 ③ 卡尔卡耐卡、霞多丽等

★由Planeta家族创立于 1985 年，在西西里岛拥有 300 年酿酒历史，现在是最受关注的酒庄。

🍷具有泡木梨和黄桃、黄花、杏仁等的香气。口感醇厚、柔滑。

RIESLING

雷司令白葡萄酒

① 澳大利亚（南澳大利亚）库纳瓦拉葡萄酒产区
② 酝思酒庄 ③ 雷司令

★库纳瓦拉葡萄酒产区在澳大利亚被称为『古老的葡萄酒产区』。酒庄的酿酒师在当地业界是领导者。

🍷具有清新的泡苹果、白花、矿物质的香气。果香怡人，酸味特别尖锐。

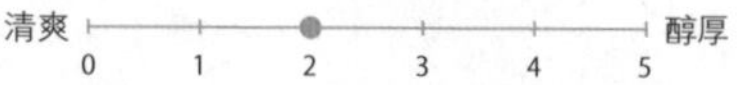

CHARDONNAY BIN 222

霞多丽奔富 222 白葡萄酒

① 澳大利亚（南澳大利亚）
② 云咸酒庄 ③ 霞多丽

★从剑桥大学毕业的英国贵族在 1830 年第一次种植了 600 棵葡萄树，自此成立了酒庄。

🍷具有协调的黄苹果和黄桃、菠萝、坚果及香草的香气。口感醇厚，果香丰满。

SAUVIGNON BLANC SEMILLON

长相思赛美蓉白葡萄酒

①澳大利亚（西澳大利亚）玛格丽特河产区
②曼达岬酒庄 ③长相思、赛美蓉

★玛格丽特河的酒庄以生产高档葡萄酒而闻名。自1970年开始种植葡萄，发展到现在，拥有1.8平方千米的葡萄种植地。

具有协调的木梨、洋梨、香草、蜂蜜等的香气。口感柔软醇厚、清新平衡。

KAMPTAL GRUNER VELTLINER

凯普谷绿维特纳白葡萄酒

①奥地利（下奥地利）凯普谷产区
②赫希酒庄 ③绿维特利纳

★1878年，赫希家族继承了修道院的16世纪巴洛克风格的建筑，并开始生产葡萄酒。其通过自然农业栽培葡萄。

具有柑橘类水果和青苹果的蜜饯、白花、白色调味料的香气。果香柔和，酸味清新。

WACHAU GRUNER VELTLINER STEINFEDER

瓦豪芳草级绿维特利纳白葡萄酒

①奥地利（下奥地利州）瓦豪产区
②瓦赫奥酒庄 ③绿维特利纳

★这是一个拥有6平方千米广阔土地的合作社，专注于每块土地的独特性。

具有葡萄柚、苹果、白花、调味料、矿物质的香气。口感醇厚，果香、矿物质的香气悠长。

WACHAU GRUNER VELTLINER

瓦豪绿维特利纳白葡萄酒

①奥地利（下奥地利州）瓦豪产区
②瓦赫奥酒庄 ③绿维特利纳

★西方最流行的奥地利葡萄酒之一。酒庄与750名葡萄种植者合作，酿造优质葡萄酒。

具有柑橘类水果、苹果、白花、白色调味料、矿物质的香气。口感柔顺，味道协调，余韵清爽。

KAMPTAL GRUVE

凯普谷绿维特利纳白葡萄酒

① 奥地利（下奥地利州）凯普谷产区
② Sonhof酒庄 ③ 绿维特利纳

★『Gruve』是绿维特利纳的缩写。自1972年开始进行无农药栽培。它的特征是每年的标签都会变化。

🍷具有柑橘类水果、木梨、白花、调味料、矿物质等的香气。温和的果香与清爽的酸味十分协调。

清爽 0 1 2 3 4 5 醇厚

COSTERS DEL SEGRE AUALIU

塞格雷河岸产区白葡萄酒

① 西班牙（加泰罗尼亚）塞格雷河岸产区
② 欧莱雅奥利韦拉 ③ 马家婆

★『Aualiu』是加泰罗尼亚语『希望』和『期待』的意思。酒庄与残疾人合作种植葡萄，酿造葡萄酒。

🍷具有木梨等果香、花香和矿香质的香气。口感醇厚、协调、柔顺。

清爽 0 1 2 3 4 5 醇厚

RIAS BAIXAS ALBARION

下海湾阿尔巴利诺白葡萄酒

① 西班牙（加利西亚）下海湾地区产区
② Adegasu Valminor酒庄 ③ 阿尔巴利诺

★这是一家创立于1997年、位于西班牙北部、以生产高品质白葡萄酒而闻名的下海湾地区产区的酒庄。

🍷具有苹果和葡萄柚、香草、矿物质、白花的香气。口感醇厚柔软，酸度平衡

清爽 0 1 2 3 4 5 醇厚

PENEDES XARELLO 1/5

佩内德斯沙雷洛白葡萄酒

① 西班牙（加泰罗尼亚）佩内德斯产区
② Collet酒庄 ③ 白珍拿

★使用57年树龄的葡萄。现任主人Colle秉承着『让白珍拿散发地中海风的浓郁清爽香味』的理念。

🍷具有柑橘类水果和苹果、白花、矿物质的香气，还有淡淡的白色调味料香气。口感柔软，果味和优质的酸味十分协调。

清爽 0 1 2 3 4 5 醇厚

PENEDES GEWURZTRAMINER 1/5

佩内德斯产区琼瑶浆白葡萄酒

①西班牙（加泰罗尼亚）佩内德斯产区 ②Collet酒庄 ③琼瑶浆

★酒庄的一贯方针是『想要酿好酒，就要彻底地管理土地』。它正在成为『生态种植注册土地』，海拔为450米。

🍷具有黄桃、杏、荔枝等果香和华丽的花香、调味料香气。口感醇厚，果香丰满。

RIOJA

里奥哈白葡萄酒

①西班牙（埃布罗）里奥哈阿拉维萨 ②Isadi酒庄 ③维奥娜、马尔瓦西

★于1987年在里奥哈创立的新的酒庄。以拥有在西班牙具有代表性的酒庄『维加西西里亚酒庄』工作过的、有酿造经验的员工而闻名。

🍷具有协调的泡黄苹果和木梨、蜂蜜、调味料及坚果的香气。口感醇厚、丰满。

RUEDA BASA MARTINSANCHO

罗德瑞兹巴萨白葡萄酒

①西班牙（卡斯蒂利亚莱昂）卢埃达产区 ②Angel Rodriguez Vidal酒庄 ③弗德乔

★『Martinsancho』是一个自17世纪以来一直存在的地区名，也是有历史和传统的酒庄的葡萄酒的名称。

🍷具有葡萄柚和苹果、白花、矿物质、香草的香气。口感醇厚，与柔和的酸味十分平衡。

RUEDA BASA

卢埃达产区巴萨白葡萄酒

①西班牙（卡斯蒂利亚莱昂）卢埃达产区 ②Telmo酒庄 ③弗德乔、维奥娜等

★『Telmo』是德莫罗德瑞兹与土地的所有者共同打造的葡萄酒品牌。

🍷具有柑橘蜜饯和矿物质、白花的香气。口感柔顺，果味平衡温和。

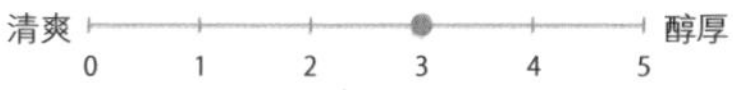

CHARDONNAY

霞多丽白葡萄酒

① 智利（卡萨布兰卡谷产区）
② 阿帕尔塔的拉博丝特酒庄 ③ 霞多丽

★ 法国利口酒制造商『格林曼聂利口酒』创始人的孙子于 1994 年创立的酒庄。

具有木梨、黄桃蜜饯、黄花、饼干的香气。果味醇厚，余韵清爽。

SAUVIGNON BLANC

长相思白葡萄酒

① 智利（拉佩尔谷）
② 阿帕尔塔的拉博丝特酒庄 ③ 长相思

★ 智利唯一一座邀请世界著名酿酒师米歇尔·罗兰的酒庄。

具有柑橘类水果和青苹果、香草、白花的香气。柔软的果香和清爽的酸味十分协调。

KLOSTER EBERBACH RIESLING CLASSIC

埃贝尔巴赫修道院经典雷司令白葡萄酒

① 德国（莱茵高）埃贝尔巴赫修道院
② 埃贝尔巴赫修道院 ③ 雷司令

★ 德国最大的州营酒庄。历史悠久，始建于 1135 年，是一座修道院。也拥有很多特定的种植地。

具有柑橘类水果、青苹果、矿物质、白花等的香气。淡淡的甜味和尖锐的酸味十分平衡。

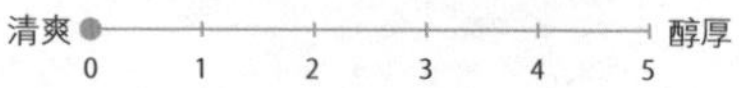

RHEIN GAU RIESLING Q.b.A. TROCKEN

莱茵黑森雷司令白葡萄酒

① 德国（莱茵高）
② 汉斯朗 ③ 雷司令

★ 葡萄园位于莱茵河以南的阳光明媚的斜坡上。现任主人多次在酿造大学学习和研究，并使用所学技术酿造葡萄酒。

具有青苹果的蜜饯、白花、矿物质和白色调味料的香气。果香口感柔软，矿物质的香气悠长。

RHEINHESSEN SAUVIGNON BLANC Q.b.A.TROCKEN

莱茵黑森长相思白葡萄酒

① 德国（莱茵黑森） ② 查尔斯酒庄 ③ 长相思

★ 创立于1783年。拥有家庭经营的0.6平方千米的土地。兄弟们分别承担葡萄种植、酿造、营销工作。

🍷 具有柑橘类水果、白花、香草、树芽、矿物质的香气。给人的口感由温和到尖锐。

清爽 ●0 — 1 — 2 — 3 — 4 — 5 醇厚

FRANKEN SILVANER KABINETT TROCKEN

弗兰肯希尔瓦那白葡萄酒

① 德国（弗兰肯） ② Winzer合作社 ③ 希尔瓦那

★ 1959年成立区域性葡萄酒生产协会。协会成员有1850人。有15平方千米土地。是IBO（有机认证葡萄酒）。

🍷 具有白肉果香和白花香气，还有淡淡的调味料香气。口感的醇厚，矿物质香气悠长。

清爽 0 — 1 — 2 — ●3 — 4 — 5 醇厚

BADENWEILER ROMERBERG PINOT NOIR BLANC DE NOIRS

巴登法兰克福罗马黑皮诺白葡萄酒

① 德国（巴登）巴登法兰克福罗马产区 ② Britzingen酒庄 ③ 黑皮诺

★ 这是由210座小酒庄组成的合作社生产的葡萄酒。

🍷 具有洋梨和苹果、白花、蜂蜜、矿物质的香气。醇厚的果香与温和的酸味十分协调。

清爽 0 — ●1 — 2 — 3 — 4 — 5 醇厚

CHARDONNAY

霞多丽白葡萄酒

① 新西兰（霍克斯湾） ② 莫顿酒庄 ③ 霞多丽

★ 从1995年开始不断创新，在伦敦葡萄酒比赛中被评为最佳霞多丽实力派。

🍷 具有协调的黄桃和杏蜜饯、坚果、奶油等的香气。整体口感醇厚，果香柔软。

清爽 0 — 1 — 2 — 3 — ●4 — 5 醇厚

SAUVIGNON BLANC
长相思白葡萄酒

①新西兰（马尔堡产区）
②金凯福酒庄 ③长相思

★位于新西兰北部，成立于1996年，是全新的、现被称为顶级的酿造酒庄。

🍷具有番石榴、香草、树芽、茉莉花的香气。口感圆润清爽，余韵清新。

清爽 0 1 2 3 4 5 醇厚

TRAMINI
占美娜白葡萄酒

①匈牙利（北潘诺尼亚）蓬农豪尔毛产区
②蓬农豪尔毛 ③占美娜

★位于布达佩斯中部的蓬农豪尔毛镇。该酒是由当地的蓬农豪尔毛修道院酿造的葡萄酒。

🍷具有荔枝和橙子、白花、调味料的香气。浓郁的果香和清爽的酸味相得益彰。

清爽 0 1 2 3 4 5 醇厚

BOURGOGEN CHARDONNAY
勃艮第霞多丽白葡萄酒

①法国（勃艮第）勃艮第产区
②法沃拉酒庄 ③霞多丽

★在法国东南部的勃艮第，成立于1825年，现任主人（第六代）致力于高品质葡萄酒的生产，此酒已成为人气品牌。

🍷具有梨、奶油、坚果、矿物质的香气。余韵柔和悠长。

清爽 0 1 2 3 4 5 醇厚

PETIT CHABLIS
小夏布利白葡萄酒

①法国（勃艮第）小夏布利产区
②科尔托酒庄 ③霞多丽

★酿造方是葡萄酒大赛的获奖常客。采用平均树龄15年以上的葡萄，不使用15年以上的木桶。

🍷具有柑橘类水果、梨、白花、矿物质等的香气。口感柔软细滑，余韵清新悠长。

清爽 0 1 2 3 4 5 醇厚

CHABLIS LA PIERRELEE

夏布利白葡萄酒

① 法国（勃艮第）夏布利产区 ② 夏布利Genne酒庄 ③ 霞多丽

★ 该酒庄不但占了夏布利产量的四分之一，而且作为最优质的生产商之一而被世界关注。

具有葡萄柚和洋梨、白花、矿物质的香气。醇厚的果香与温和的酸味十分协调。

清爽 0 1 2 3 4 5 醇厚

SAINT-BRIS

圣布里白葡萄酒

① 法国（勃艮第）圣布里产区 ② Goisot酒庄 ③ 长相思

★ 酒庄的Goisot家族从14世纪就开始酿造葡萄酒。用成熟的葡萄酿造，最大树龄75年。在传统的基础上，研究创新葡萄酒的酿造方法。

具有柑橘类水果、白花、香草、树芽、矿物质的香气。口感醇厚，果味丰满。

清爽 0 1 2 3 4 5 醇厚

BOUZERON CLOS DE LA FORTUNE

布哲隆阿里高特白葡萄酒

① 法国（勃艮第）布哲隆产区 ② Shangi葡萄园 ③ 阿里高特

★ 园主Daniel在成为酿酒师前是一个厨师。儿子Olivier被誉为最优秀的年轻酿酒师。

具有柑橘类水果和木梨、白花、杏仁、矿物质的香气。口感柔顺，平衡，余韵清爽。

清爽 0 1 2 3 4 5 醇厚

SAINT-VERAN

圣韦朗村白葡萄酒

① 法国（勃艮第）圣法南度谷产区 ② 欧巴涅酒庄 ③ 霞多丽

★ 位于勃艮第南部普伊村的酒庄。现任主人是第四代继承人。葡萄的平均树龄是25年，所有收获都是手工完成的。

具有木梨、洋梨、黄桃的香气，还有黄油、坚果、饼干的香气。口感醇厚，果味丰满。

清爽 0 1 2 3 4 5 醇厚

ENTRE-DEUX-MERS CHATEAU BEL AIR PERPONCHER

两海之间卡比丹酒庄白葡萄酒

①法国（波尔多）两海之间
②卡比丹酒庄 ③长相思、赛美蓉、密斯卡岱

★由连续8代、250多年从事葡萄酒生产的迪斯帕尼酒堡酿造的葡萄酒。

🍷具有葡萄柚、金花、香草、矿物质的香气。果香温和，酸味清新悠长。

清爽 0 1 2● 3 4 5 醇厚

ENTRE-DEUX-MERS CHATEAU MYLORD

两海之间城堡酒庄白葡萄酒

①法国（波尔多）两海之间
②城堡酒庄 ③赛美蓉、长相思、密斯卡岱

★在小山坡上拥有0.5平方千米土地的葡萄园。是一个中等大小的城堡，每年酿造14万瓶葡萄酒。

🍷具有柑橘类水果、苹果蜜饯、香草、白花、矿物质的香气。

清爽 0 1 2● 3 4 5 醇厚

GRAVES MOUTON CADET RESBRVE

木桐嘉棣珍藏白葡萄酒

①法国（波尔多）格拉维产区
②加缪父子酒庄 ③长相思、赛美蓉

★酒庄老板的儿子负责酿造。在波尔多、勃艮第、巴黎的葡萄酒比赛中获得了无数的奖牌。

🍷具有协调的木梨、白花、饼干、矿物质等的香气。口感平衡、柔顺。

清爽 0 1 2 3● 4 5 醇厚

GRAVES MOUTON CADET RESERVE

木桐嘉棣珍藏白葡萄酒

①法国（波尔多）格拉维产区
②罗斯柴尔德男爵木桐嘉棣 ③赛美蓉、长相思、密斯卡岱

★波尔多位列第一的『木桐酒庄』的白葡萄酒。

🍷具有木梨、洋梨、坚果、饼干、白花的香气。醇厚的口感与温和的酸味十分协调。

清爽 0 1 2 3● 4 5 醇厚

ALSACE SYLVANER

阿尔萨斯希瓦那白葡萄酒

① 法国（阿尔萨斯）
② 奥伯特比修酒庄 ③ 希尔瓦那

★ 奥伯特家族于17世纪末开始酿酒。现在的酿酒师出生于1973年。

🍷 具有白肉果香、花香和隐约的白调味料香气。口感柔软、醇厚、顺滑。

清爽 0 1 2 3 4 5 醇厚 （2）

ALSACE PINOT GRIS

阿尔萨斯灰皮诺白葡萄酒

① 法国（阿尔萨斯）
② 古斯塔夫洛伦兹庄园 ③ 灰皮诺

★ 1750年在北莱茵威斯特法伦州创立，家族经营的生产葡萄酒。拥有0.32平方千米的土地。

🍷 具有无花果的蜜饯和白桃、白玫瑰花、土地的香气。口感醇厚，果香丰满。

清爽 0 1 2 3 4 5 醇厚 （4）

ALSACE TOKAY PINOT GRIS

阿尔萨斯托卡伊灰皮诺白葡萄酒

① 法国（阿尔萨斯）
② 道芙伊蓉酒庄 ③ 托卡伊灰皮诺

★ 爱丽舍宫和白金汉宫等知名人士喜爱的葡萄酒。致力于反映葡萄酒的土地个性。

🍷 具有白桃蜜饯、白花、淡淡的调味料香气和矿物质的香气。果香醇厚，口感柔顺。

清爽 0 1 2 3 4 5 醇厚 （3）

ALSACE RIESLING

阿尔萨斯雷司令白葡萄酒

① 法国（阿尔萨斯）
② 雨果父子酒庄 ③ 雷司令

★ 酒庄所在的雨果家族的故乡里克威尔，自中世纪以来被誉为『最高贵的葡萄酒产区之一』。

🍷 具有柑橘类水果和青苹果、白花、矿物质的香气和淡淡的白色调味料的香气。还有柔软的果香和清新的酸味。

清爽 0 1 2 3 4 5 醇厚 （1）

ALSACE GEWURZTRAMINER

阿尔萨斯琼瑶浆白葡萄酒

①法国（阿尔萨斯产区）
②婷芭克世家酒庄 ③琼瑶浆

★从17世纪开始，婷芭克世家种植葡萄。19世纪末，作为传统的酒庄开始有知名度。

具有协调的荔枝、黄桃、薰衣草和玫瑰花、调味料的香气，口感醇厚，果香余韵悠长。

清爽 0 1 2 3 4 5 醇厚

ALSACE MUSCAT RESERVE

阿尔萨斯马斯喀特珍藏白葡萄酒

①法国（阿尔萨斯产区）
②婷芭克世家酒庄 ③马斯喀特

★婷芭克世家酒庄拥有0.14平方千米的土地。产品80%出口到海外，其中出口到美国的占阿尔萨斯葡萄酒总产量的三分之一。

具有杏、白花、矿物质的香气。柔软的果香与清新的酸味很协调。

清爽 0 1 2 3 4 5 醇厚

MUSCADET SEVRE ET MAINE SUR LIE VERGER

慕斯卡德白葡萄酒

①法国（卢瓦尔河）慕斯卡德产区
②Dom Pierre Luneau Papin酒庄 ③密斯卡岱

★第七代主人积极采用有机种植的方式，采摘全部为纯手工。

具有柑橘类水果、白花、矿物质、面包等的香气，口感顺滑，清爽的酸味和矿物质的香气悠长。

清爽 0 1 2 3 4 5 醇厚

SAVENNIERS

莎弗尼耶白葡萄酒

①法国（卢瓦尔河）莎弗尼耶产区
②杜佩尔安托万酒庄 ③白诗南

★这座古老的城堡建于1850年，后转让给Bizarre家族。

具有苹果和木梨的蜜饯、花、矿物质等的香气。醇厚的果香中还可感觉到萦绕的酸味。

清爽 0 1 2 3 4 5 醇厚

TOURAINE SAUVIGNON

提到都兰长相思白葡萄酒

① 法国（卢瓦尔河）长相思
② Michaud酒庄 ③ 长相思

★ 毕业于博讷酿造学校的第三代传人自1985年开始担任酿酒师。每年都得到很高的评价。

🍷 具有柑橘类水果和青苹果、白花、树芽、香草的香气。从第一口开始，清爽的口感萦绕不断。

清爽 0 1 2 3 4 5 醇厚

TOURAINE AZAY-LE-RIDEAU

提到都兰阿泽勒里白葡萄酒

① 法国（卢瓦尔河）提到都兰阿泽勒里产区
② 谢尼酒庄 ③ 白诗南

★ 现任主人以前是一位建筑师。在2000年，他得到了一个中世纪的城堡。开始采用传统的自然农业方法进行葡萄酒的酿造。

🍷 具有协调的黄苹果和木梨、白花、矿物质的香气。醇厚的果香中带有清新的酸味。

清爽 0 1 2 3 4 5 醇厚

QUINCY

坎西村白葡萄酒

① 法国（卢瓦尔河）坎西村产区
② Dom Tollo酒庄 ③ 长相思

★ 这是位于卢瓦尔河支流谢尔河左岸坎西村的酒庄。皮埃尔拉根是第五代传人。

🍷 具有柑橘蜜饯、白花、矿物质、树芽的香气。口感柔顺，酸味清新。

清爽 0 1 2 3 4 5 醇厚

REUILLY

勒伊白葡萄酒

① 法国（卢瓦尔河）勒伊产区
② 克劳德酒庄 ③ 长相思

★ 创立于20世纪60年代。让这座酒庄闻名于世的是巴黎『Taillevent』餐厅的Vent老板。

🍷 具有泡柑橘类水果和苹果、香草、树芽、矿物质的香气。

清爽 0 1 2 3 4 5 醇厚

COUR-CHEVERNY

库尔舍韦尼法定产区白葡萄酒

①法国（卢瓦尔河）库尔舍韦尼法定产区 ②Domaine de Uar酒庄 ③罗莫朗坦

★位于著名观光地卢瓦尔河沿岸尚博尔城堡附近的酒庄。

🍷具有协调的泡柑橘类水果和苹果、矿物质、调味料的香气。清爽的酸味余韵悠长。

清爽 ●0 1 2 3 4 5 醇厚

COTES DU RHONE

丘隆河产区白葡萄酒

①法国丘隆河产区 ②吉佳乐世家酒庄 ③维欧尼、瑚珊等

★经营酒庄的吉佳乐世家是被称为『丘隆河产区公鸡』的酿造能手。拥有总面积达0.3平方千米的土地。酒质稳定。

🍷具有泡木梨和黄桃、蜂蜜、黄花、调味料的香气。口感醇厚柔滑。

清爽 0 1 2 ●3 4 5 醇厚

COTES DU RHONE LES ABEILLES

丘隆河产区克雷特斯阿贝丽思白葡萄酒

①法国丘隆河产区 ②哥伦布酒庄 ③维欧尼、瑚珊等

★作为1983年以来的酿酒专家，哥伦布葡萄酒在支持100多家酒庄的葡萄酒生产。

🍷具有蜜饯黄桃或杏、黄花、白色调味料的香气。口感醇厚温和，果香悠长。

清爽 0 1 2 3 ●4 5 醇厚

COTES DU RHONE

丘隆河产区白葡萄酒

①法国丘隆河产区 ②农庄世家 ③歌海娜等

★『农庄世家』的意思是『由山上的葡萄组成』。公鸡和母鸡的图案是它的标签。

🍷具有协调的黄苹果、黄桃、白花、矿物质的香气。整体圆润、醇厚。

清爽 0 1 2 ●3 4 5 醇厚

PACHERENC DU VIC-BILH SEC

维克比勒帕歇汉克白葡萄酒

① 法国（西南部）维克比勒帕歇汉克产区 ② Domaine Capmartan酒庄 ③ 大满胜、小满胜等

★ 虽然葡萄的平均树龄30年，但是有些树还是很古老的。帕夏尔葡萄酒一般都是甜型，像这种酒的辛辣是很少见的。

🍷 具有木梨和百香果蜜饯、黄花、矿物质的香气。口感醇厚、清爽。

清爽 0 1 ●2 3 4 5 醇厚

VIN DE PAYS D'OC VIOGNIER

维尼欧白葡萄酒

① 法国（朗格多克·露喜龙）朗格多克·露喜龙产区 ② 吉哈伯通酒庄 ③ 维欧尼

★ 这家酒庄创立于1992年，是快速发展的朗格多克的先驱。现任主人是著名的橄榄球员。

🍷 具有木梨和杏的蜜饯、白花、矿物质的香气。口感醇厚、柔滑。

清爽 0 1 2 ●3 4 5 醇厚

VIN DE PAYS DES CEVENNES SAUVIGNON

朗格多克塞文山脉长相思白葡萄酒

① 法国（西南部）朗格多克塞文山脉产区 ② Domaine Do Masau酒庄 ③ 长相思

★ 酒庄的方针是『尊重自然，让顾客满意是重中之重』，因此，其适当控制着葡萄的收获数量。

🍷 具有协调的木梨蜜饯、香草、矿物质、白花的香气。口感柔软，酸味萦绕悠长。

清爽 0 1 ●2 3 4 5 醇厚

VIN DE PAYS DES COTES DE GASCOGNE SAUVIGNON

法国法定等级第三级长相思白葡萄酒

① 法国（西南部）法国法定等级第三级加斯科涅山区产区 ② 马拉喀什酒店 ③ 长相思

★ 由来自白兰地亚山大的上雅马产邑产区的公司于1988年推广到法国。

🍷 具有木梨、苹果、白花、树芽、香草的香气。散发着醇厚的果香、上乘的酸味。

清爽 0 ●1 2 3 4 5 醇厚

VINHO VERDE GATAO

绿酒产区白葡萄酒

① 葡萄牙绿酒产区
② Borges酒庄 ③ 阿扎尔等

★ 创立于1884年。在绿酒产区、杜罗河产区、杜奥产区等著名葡萄酒产区拥有广阔的土地。

🍷 具有柑橘类水果和青苹果蜜饯、白花、矿物质、香草的香气。口感醇厚，余韵清新。

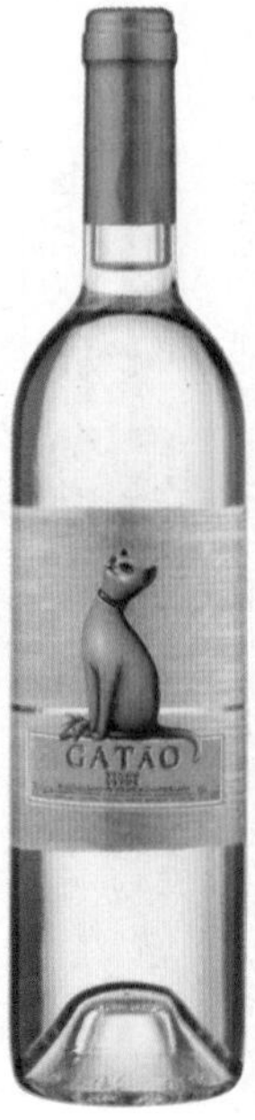

清爽 0 1 2 3 4 5 醇厚（1）

DAO ENCRUZADO

杜奥依克加多白葡萄酒

① 葡萄牙（杜奥产区）
② 玫瑰酒庄 ③ 依克加多

★ 拥有杜奥埃斯特雷拉山脉山麓0.4平方千米的土地。这个酒庄的方针是『传统与创新的完美结合』。

🍷 具有泡木梨、饼干、坚果、蜂蜜的香气。果香醇厚、柔软，口感平衡。

清爽 0 1 2 3 4 5 醇厚（3）

TERRAS DO SADO COLHEITA SELECCIONADA

特拉斯度沙度寇黑塔精选白葡萄酒

① 葡萄牙（塞图巴尔半岛）特拉斯度沙度产区
② Adega de Pegoes酒庄 ③ 霞多丽、阿瑞图、白皮诺等

★ 塞图巴尔半岛上合作酿造的，在众多国际葡萄酒比赛中获得高度评价的葡萄酒。

🍷 具有泡洋梨、白花的香气，还有淡淡的饼干和香草的香气。口感醇厚、平衡。

清爽 0 1 2 3 4 5 醇厚（3）

SAUVIGNIN BLANC LIFE FROM STONE

石头开花长相思白葡萄酒

① 南非（罗伯逊产区）
② 斯普林菲尔德酒庄 ③ 长相思

★ 产自一家位于斯泰伦博斯东部、历史悠久的家族酒庄。

🍷 具有青苹果、白花、青番茄、树芽等的香气。酸味温和清新。

清爽 0 1 2 3 4 5 醇厚（1）

推荐的白葡萄酒（甜型）名录

※ 查看口味基准可以找到喜欢的葡萄酒，而且还有田崎真也的试饮点评，选购葡萄酒时请参考。

ZELLER SCHWARZE KATZ AUSLESE RIESLING

策尔黑猫雷司令甜型白葡萄酒

①德国（摩泽尔）策尔黑猫产区 ②Joseph Friedrich酒庄 ③雷司令

★自12世纪以来，Friedrich家族就作为葡萄酒酒庄活跃在摩泽尔。特别是上一代的庄主，以酒的味道好而闻名。

具有黄苹果、矿物质、黄花的香气，华丽的甜味和清爽的酸味十分协调。

清爽 — 醇厚：1
辛辣度 — 甜度：3

BERNKASTELER KURFURSTALY KABINETT RIESLING

班卡斯特勒雷司令甜型白葡萄酒

①德国（摩泽尔）班卡斯特勒镇 ②Joseph Friedrich酒庄 ③雷司令

★这个酒庄的地下储存室有500年的历史。不仅在德国，而且在全世界都是众所周知的。

具有柑橘类水果和青苹果、白花、矿物质的香气，上乘的甜味和清新的酸味十分平衡。

清爽 — 醇厚：0
辛辣度 — 甜度：2

GAU-ODERNHEIMER PETERSBERG KABINETT SCHEUREBE

奥尔加特莱茵黑森地区施埃博甜型白葡萄酒

①德国（莱茵黑森）奥尔加特莱茵黑森地区 ②Deeps酒庄 ③施埃博

★这是一家拥有200多年历史的家族酒庄。几年前到过一次日本，在日本有很多粉丝，很受欢迎。

具有青苹果、大蒜、白花的香气，柔滑的甜味和酸味十分平衡。

清爽 — 醇厚：1
辛辣度 — 甜度：3

精选奥斯雷斯甜型白葡萄酒

OPPENHB IMBR KROTENBRUNNEN AUSLESE

①德国（莱茵黑森）奥斯雷斯甜型白葡萄酒 ②Joseph Friedrich酒庄 ③希尔瓦那等

★酒庄的Friedrich家族是摩泽尔12世纪以来著名的酿酒师。在国际比赛中也获得过奖牌。

具有黄苹果蜜饯香气，其中还有白花、蜂蜜、矿物质的香气。口感醇厚，甜味清爽。

清爽 0—5 醇厚：1

辛辣度 0—5 甜度：3

莱茵黑森普法尔茨晚收琼瑶浆甜型白葡萄酒

DURKHEIMER FEUERBERG GEWURATRAMINER SPATLESE

①德国（普法尔茨州）莱茵黑森普法尔茨 ②Vier Jahreszeiten酒庄 ③琼瑶浆

★这是一个拥有3.7平方千米葡萄园、是有100多年历史的酿酒合作社。

具有协调的荔枝、大蒜、白花等的香气，醇厚的甜味余韵悠长。

清爽 0—5 醇厚：2

辛辣度 0—5 甜度：3

托卡伊哈斯诺威乐甜型白葡萄酒

TOKAJI HARSLEVELU

①匈牙利（托卡伊）托卡伊产区 ②格若芙德根费尔德酒庄 ③哈斯莱威路

★有史以来，酒庄的德根费尔德伯爵家族就是贵族，也被称为托卡伊的强大酒庄。

具有洋梨蜜饯和白花、蜂蜜、香草的香气。平衡的甜味柔软，酸味柔滑。

清爽 0—5 醇厚：3

辛辣度 0—5 甜度：3

卡迪拉克酒庄甜型白葡萄酒

CADILLAC CHATEAU CAMAIL

①法国（波尔多）卡迪拉克产区 ②卡米尔城堡 ③赛美蓉

★收获葡萄后，在桶中陈酿，8个月后装瓶。90%的产品是波尔多出口海外的甜酒。

具有协调的黄桃和杏的蜜饯、蜂蜜、坚果的香气。甜味丰满、平衡。

清爽 0—5 醇厚：3

辛辣度 0—5 甜度：5

COTEAUX DU LAYON

莱昂丘产区甜型白葡萄酒

①法国（卢瓦尔河）莱昂丘产区
②Sauvion酒庄　③白诗南

★虽然酒庄以密斯卡岱地区的葡萄酒而著名，但其杰出的酿造技术在这一地区也得到发挥。

🍷具有协调的木梨蜜饯、白花、蜂蜜、矿物质的香气。甜味醇厚，酸味尖锐。

清爽 0—1—**2**—3—4—5 醇厚（2）
辛辣度 0—1—2—3—**4**—5 甜度（4）

PACHERENC DU VIC-BILH DOUX

维克比勒帕歇汉克甜型白葡萄酒

①法国（西南部）维克比勒帕歇汉克产区
②Domaine Capmartan酒庄　③小满胜、大满胜等

★现在的老板Cap Martan于1986年从他的叔叔手中接管酒庄，现在拥有0.075平方千米的土地。葡萄的平均树龄是30年。

🍷具有杏和百香果的蜜饯、黄花的香气。甜味醇厚、丰满。

清爽 0—1—2—**3**—4—5 醇厚（3）
辛辣度 0—1—2—3—4—**5** 甜度（5）

第3章 玫瑰红葡萄酒和简单配菜

玫瑰红葡萄酒和配菜的搭配方法

对于有淡淡涩味的玫瑰红葡萄酒，我建议搭配菜色呈橙色或金黄色的菜，例如，使用番茄做的菜，包括番茄沙司、番茄菜泥、番茄酱和智利辣酱油等。只需烧制鱼、鸡肉或猪肉，然后加上番茄酱，就能快速完成玫瑰红葡萄酒的配菜了。如果你喜欢玫瑰红葡萄酒，可以在市场上买些番茄酱，或购买成熟的番茄做成番茄酱，分小瓶保存在冰箱里。另外，干炸食品和裹面粉炸的食品也与玫瑰红葡萄酒很搭配。玫瑰红葡萄酒的调味料还有红辣椒、豆瓣酱、胡椒酱、Kanzuri 牌红辣椒柑橘酱、红柚子胡椒。

另外，粉红胡椒也是与玫瑰红葡萄酒搭配的调味料，常备着更方便。

玫瑰红葡萄酒配菜

炖番茄蛤蜊

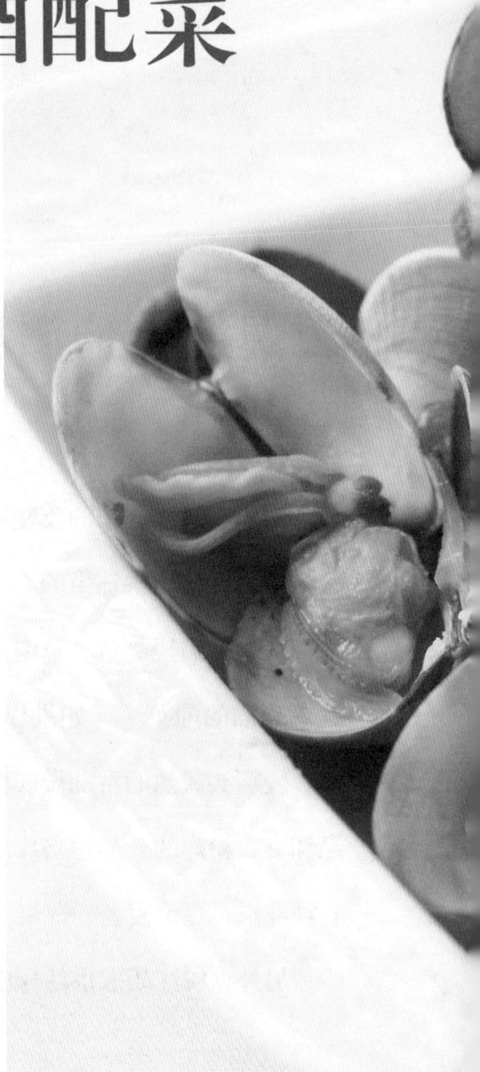

【材料】2 人份

带壳蛤蜊（去沙）	500 克
洋葱	1/4 个
蒜末	少量
意大利芹菜	适量
白葡萄酒	100 毫升
鸡精（颗粒）	1 大匙
番茄圈（切）	100 克
盐、胡椒粉	适量

【做法】

1. 在锅内放入蛤蜊、碎洋葱、蒜末、碎意大利芹菜、白葡萄酒、鸡精，搅拌几次混合后，盖上盖子，开火。

2. 烧开时加入番茄圈、盐、胡椒粉，搅拌 2 ~ 3 次后，盖上盖子，继续煮。

3. 蛤蜊壳打开后，整体搅拌，根据需要放盐、胡椒粉调味，装盘。

推荐搭配

意大利/蒙特布查诺玫瑰红葡萄酒

新西兰/大路玫瑰红葡萄酒

田崎真也的菜谱

- 也可用文蛤和淡菜等代替。
- 为了不增加水分，要使用颗粒状的鸡精。
- 加入少量柠檬汁和白葡萄酒醋，可使味道更清爽。

金枪鱼金针菇沙拉

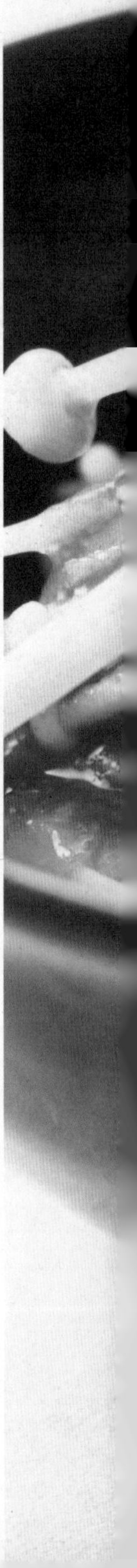

田崎真也的菜谱

●**金针菇生吃，口感很清脆。**

●**用了同样的沙拉调料的其他沙拉与玫瑰红葡萄酒也搭配。**

【材料】2人份

金枪鱼罐头（根据喜好）	适量
生菜	适量
金针菇	适量
柠檬汁	适量
[沙拉调料]	
番茄酱	2小匙
番茄皮	2小匙
柠檬汁	1小匙
红辣椒酱	少量
橄榄油	2大匙
盐、胡椒粉	适量

【做法】

1.将生菜切丝，打开金枪鱼罐头，备用。

2.将金针菇的根部分开，浸泡在柠檬汁中几分钟。

3.将沙拉调料的材料放入碗中，充分拌匀。

4.在碟中依次放上生菜、金枪鱼和金针菇，再浇上步骤3中的沙拉调料，完成。

推荐搭配

法国/安茹玫瑰红葡萄酒

法国/薄酒莱玫瑰红葡萄酒

美国/加利福尼亚州黑皮诺玫瑰红葡萄酒

田崎真也的菜谱

- **将虾身、洋葱和剁碎的红辣椒像汉堡一样叠加，然后煎。用蛋液粘紧。**
- **还可以在青椒内侧涂小麦粉。**

红辣椒酿虾配番茄酱

【材料】2 人份

虾	100 克
洋葱	1/4 个
红辣椒（小）	4 个
盐、胡椒粉	适量
橄榄油	1 大匙
[酱汁]	
市场上卖的番茄酱	100 克
白葡萄酒	50 毫升
番茄酱	1 大匙
红辣椒酱	少量
黄油	1 大匙

【做法】

1. 剥虾，去虾线和虾头。将碎洋葱、虾、盐、胡椒粉搅拌均匀。

2. 将红辣椒竖着切开一半，取出种子，酿入步骤 1 中的材料。

3. 在平底锅中放油、加热，从酿入虾的一侧开始煎，然后调成小火，盖上锅盖。

4. 在锅内放入酱汁材料，开火，做成酱汁后装盘，再放上步骤 3 中的红辣椒酿虾。

推荐搭配

西班牙/
里巴斯罗萨托玫瑰红葡萄酒

法国/
波尔多法国之吻玫瑰红葡萄酒

法国/
旺图谷玫瑰红葡萄酒

三文鱼牛排
粉红胡椒口味

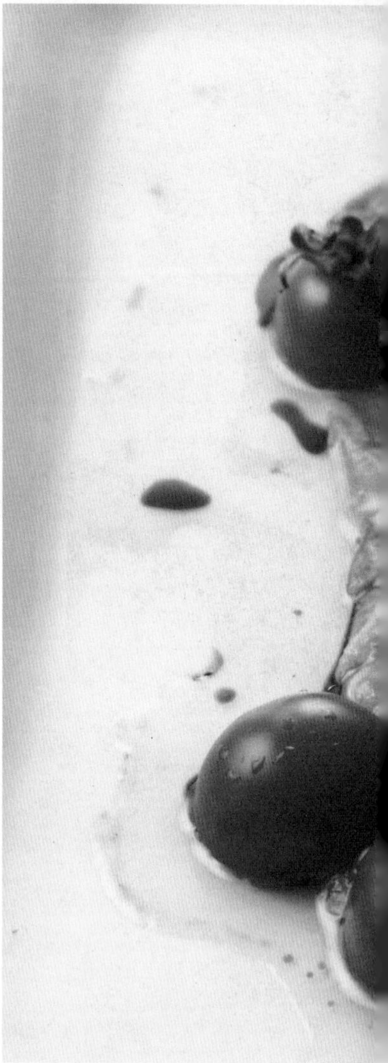

【材料】2 人份

刺身用三文鱼（块）	100 克
小番茄	适量
粉红胡椒	适量
盐、胡椒粉	适量
葡萄酒醋	1~2 大匙
特级初榨橄榄油	3 大匙

【做法】

1. 将三文鱼切成薄片，依次放入碟中，避免重叠。

2. 在三文鱼薄片上撒盐、胡椒粉，淋上葡萄酒醋和特级初榨橄榄油。

3. 然后在上面放粉红胡椒和切了的小番茄，完成。

推荐搭配

法国／普罗旺斯丘圣维克托玫瑰红葡萄酒

美国／加利福尼亚州黑皮诺玫瑰红葡萄酒

法国／都兰迈斯朗玫瑰红葡萄酒

田崎真也的菜谱

●粉红胡椒是便于烹饪搭配玫瑰红葡萄酒配菜的调味料。

●可用红葡萄酒醋代替葡萄酒醋。

烧腌渍鸡腿肉

【材料】2 人份

鸡腿肉	150 克
土豆	1 个
橄榄油	1 大匙
辣椒粉	2 大匙
卡宴胡椒	1 小匙
小茴香籽	2 小匙
盐、胡椒粉	适量
罗曼生菜	适量

【做法】

1. 将鸡腿肉切成一样大小的小块。厚的要切得薄一点。

2. 放盐和胡椒粉，拌匀；锅里放橄榄油、加热，放入切成约 5 厘米大小的土豆（带皮）薄片，一起煎。

3. 另取一碗，加入胡椒粉、辣椒和小茴香籽，拌匀，备用。

4. 待鸡腿肉烧透时取出。擦净鸡肉表面的油，在鸡皮上均匀涂上步骤 3 中的调味料，倒入煎锅中，煎调味料的一侧。

5. 在盘中铺上罗曼生菜（或沙拉生菜），将鸡肉和土豆一起盛起，装盘。

推荐搭配

法国／波尔多柏菲玫瑰红葡萄酒

智利／蒙特斯欧法西拉玫瑰红葡萄酒

法国／尼姆丘玫瑰红葡萄酒

田崎真也的菜谱

- 调味料要在中途放，刚开始就放会烧焦。
- 可根据喜好准备其他的调味料。但是，搭配玫瑰红葡萄酒时要以辣椒粉为主。
- 将调味料换成三味香辛料和五香粉，会和红葡萄酒很搭配。

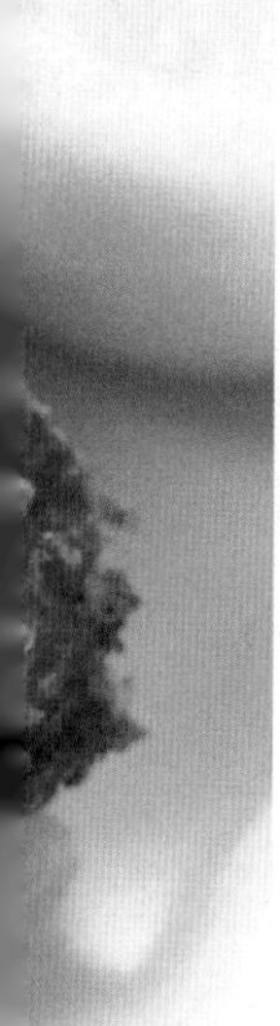

午餐肉罐头肉片

田崎真也的菜谱

- 没有午餐肉的话，可用午餐肉罐头代替。
- 细叶芹、罗曼生菜可用其他青菜代替。
- 根据喜好可添加番茄酱和柠檬汁做成的调味汁，也很搭配。

【材料】2人份

午餐肉	适量
小麦面粉	适量
蛋液	适量
面包糠	适量
橄榄油	2大匙
黄油	2大匙
胡椒粉	适量
柠檬	适量
香草（细叶芹）	适量
罗曼生菜	2～3片

【做法】

1. 对午餐肉按大面积切法，切成约1厘米的厚度。

2. 在午餐肉上依次撒上胡椒粉、小麦面粉，再裹上蛋液、面包糠。

3. 平底锅放油加热，加入黄油，融化后加入步骤2中的午餐肉，两面煎至金黄。

4. 盘子中放一片沙拉青菜（照片中是罗曼生菜），盛上步骤3中的午餐肉，再放些柠檬片、细叶芹点缀，完成。

推荐搭配

法国/塔维勒玫瑰红葡萄酒

法国/波尔多法国之吻玫瑰红葡萄酒

西班牙/里巴斯罗萨托玫瑰红葡萄酒

油炸比萨

【材料】2 人份

油炸豆腐	2 块
番茄酱	4 大匙
金枪鱼（罐头）	1 罐
洋葱	1/4 个
奶酪（比萨用）	适量
罗勒叶	适量

【做法】

1. 把油炸豆腐放入开水中，去油，沥水。

2. 将洋葱切成薄片。

3. 在步骤 1 中的油炸豆腐上涂上番茄酱（或比萨酱），放上金枪鱼和洋葱片，最后再放上奶酪，然后放进烤箱、烤面包机等里面烤。

4. 切成容易吃的大小，装盘，并用罗勒叶点缀。

推荐搭配

意大利／蒙特布查诺玫瑰红葡萄酒

法国／普罗旺斯丘圣维克托玫瑰红葡萄酒

田崎真也的菜谱

●可用你喜好的薰火腿、腊肠、香肠、蘑菇等配菜代替金枪鱼。

●不放罗勒叶也没关系。

明太子黄油拌土豆丝

【材料】2 人份

土豆（五月皇后）	1 个
明太子	适量
蛋黄酱	1 大匙
黄油	1 大匙
柠檬汁	2 小匙
盐、胡椒粉	适量
香草（细叶芹）	适量

【做法】

1. 将土豆尽可能切细，并在水中泡约 30 分钟。

2. 将步骤 1 中的土豆加盐放水煮沸，然后用冷水冷却。

3. 将步骤 2 中的土豆沥干水分，放入碗中，加入明太子、蛋黄酱、柠檬汁、黄油（在室温下变软）、盐、胡椒粉并搅拌均匀。

4. 把步骤 3 中的材料装盘，加上细叶芹点缀，完成。

推荐搭配

美国/
加利福尼亚州黑皮诺玫瑰红葡萄酒

法国/
都兰迈斯朗玫瑰红葡萄酒

法国/
薄酒菜玫瑰红葡萄酒

田崎真也的菜谱

- 土豆怎样煮才脆，这是关键。
- 为了脆，煮沸的时间也很重要。虽然切法不一样，但是如果切得很细的话，沸腾的时候就要关火。
- 可根据喜好调整明太子的用量。也可以用咸鳕鱼子代替。

推荐的玫瑰红葡萄酒名录

※ 查看口味基准是为了找到喜欢的葡萄酒，而且也有田崎真也的试饮点评，选购葡萄酒时请参考。

CALIFORNIAVINA VIN GRIS OF PINOT NOIR
加利福尼亚州黑皮诺玫瑰红葡萄酒

①美国（加利福尼亚州）加利洛产区 ②森慈伯乐酒庄 ③黑皮诺

★加利福尼亚州戴维斯学院的酿造专业中，志同道合的2个同级生共同振兴的酒庄。

🍷具有协调的野草莓、樱桃、花的香气。有醇厚的果香，后劲平衡悠长。

清爽 0—1—2—●3—4—5 醇厚
辛辣度 0—1—●2—3—4—5 甜度

RIBAS ROSAT
里巴斯罗萨托玫瑰红葡萄酒

①西班牙（巴利阿里群岛） ②里巴斯酒庄 ③黑曼托、卡耶特、梅洛

★创立于1711年，是地中海最好的度假胜地之一。利用当地的传统葡萄品种生产优质葡萄酒。

🍷具有协调的野草莓、樱桃、野玫瑰花、调味料等香气。果香醇厚，余韵悠长。

清爽 0—1—2—●3—4—5 醇厚
辛辣度 0—●1—2—3—4—5 甜度

MONTEPULCIANOD' ABRUZZO CERASULO
蒙特布查诺玫瑰红葡萄酒

①意大利（阿布鲁佐产区）蒙特布查诺 ②马拉密叶罗酒庄 ③蒙特布查诺

★马拉密叶罗家族从阿布鲁佐海边的佩斯卡拉进入内陆，自100年前开始酿造葡萄酒。

🍷具有泡树莓和粉红胡椒的香气。口感醇厚且平衡。

清爽 0—1—2—●3—4—5 醇厚
辛辣度 0—●1—2—3—4—5 甜度

MONTES CHERUB ROSE OF SYRAH

蒙特斯欧法西拉玫瑰红葡萄酒

①智利（空加瓜谷）
②蒙特斯酒庄 ③西拉

★这是飞机头等舱和美国有名的餐厅的老顾客的蒙特斯。一个拥有1.29平方千米的广阔葡萄园的酿酒商。

🍷具有木莓、野草莓、坚果等香气。味道醇厚、柔和、清新。

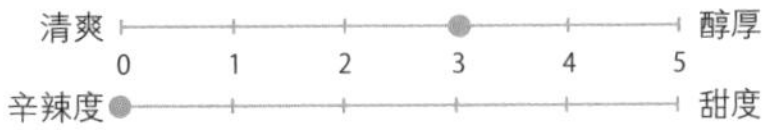

HESSISCHE BERGSTRASSE SPATBURGUNDER ROSE Q.b.A.

赫西榭贝格斯塔斯黑皮诺玫瑰红葡萄酒

①德国（赫西榭贝格斯塔斯）
②贝格斯塔斯酿造基地 ③黑皮诺

★在国际葡萄酒比赛中获得多个奖项、在葡萄酒指导书中获得高度评价、由酿造基地酿造的葡萄酒。

🍷具有协调的红醋栗、木莓、鲜花、矿物质等的香气。余韵柔软清爽。

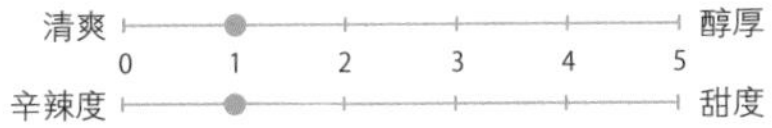

LA STRADA ROSE

大路玫瑰红葡萄酒

①新西兰（马尔堡产区）
②费洛姆酒庄 ③黑皮诺、黑比诺、梅洛、马尔贝克

★瑞士第四代葡萄种植者费洛姆先生在瑞士和新西兰两个地区酿造的葡萄酒。

🍷具有木莓、红苹果等的果香和花香。充满温和而柔软的果香和清新感。

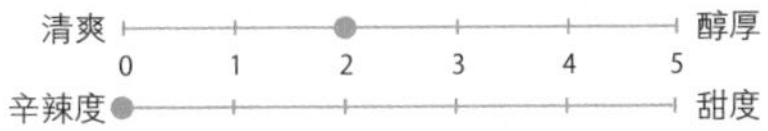

BEAUJOLAIS ROSE

薄酒莱玫瑰红葡萄酒

①法国『勃艮第』薄酒莱产区
②马塞尔拉皮尔酒庄 ③加美

★据说它是薄酒莱产区有机农业的先驱，有巨大影响力的马塞尔拉皮尔酒庄。

🍷具有浓郁果香，如树莓、糖果、鲜花。余韵柔和而醇厚。

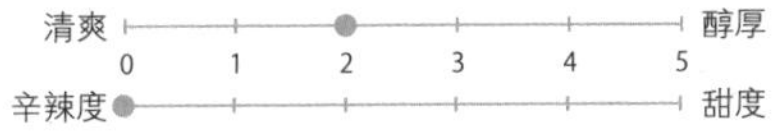

BORDEAUX CLAIRET CUVEE FRENCH KISS

波尔多法国之吻玫瑰红葡萄酒

①法国波尔多 ②拉图尔酒庄 ③美乐

★这座城堡的年轻主人一直在各国的葡萄酒产区进修，目前正在努力酿造。它的标签是两只鸽子和一个吻。

🍷具有协调的红醋栗、红樱桃、野玫瑰、调味料等的香气。果香醇厚、丰满。

清爽—醇厚：3（0–5）
辛辣度—甜度：2（0–5）

BORDEAUX ROSEE DE PAVIE

波尔多柏菲玫瑰红葡萄酒

①法国（波尔多）波尔多产区 ②柏菲酒庄 ③梅洛、品丽珠、赤霞珠、品丽珠、长相思

★柏菲酒庄是圣埃米利永最著名的城堡之一。生产葡萄酒的地方有着美丽的外观和现代的设施。

🍷具有覆盆子、樱桃、粉红辣椒等香气。果香醇厚、丰满。

清爽—醇厚：4（0–5）
辛辣度—甜度：1（0–5）

ROSED' ANJOU LE JARDIN

安茹玫瑰红葡萄酒

①法国（卢瓦尔）安茹产区 ②菲乐酒庄 ③黑果若、佳美

★所生产的甜型高级白葡萄酒在Bonuzo地区受到高度评价。酒庄也生产玫瑰红葡萄酒。城堡的历史可以追溯到11世纪。

🍷具有覆盆子和粉红色花朵的香气。柔软的甜味和清新感十分平衡。

清爽—醇厚：2（0–5）
辛辣度—甜度：2（0–5）

TOURAINE MESLAND

都兰迈斯朗玫瑰红葡萄酒

①法国（卢瓦尔）都兰迈斯朗产区 ②帕普酒庄 ③佳美

★酒庄位于被称为『法国的花园』、游客络绎不绝的卢瓦尔地区。

🍷具有覆盆子和红苹果的糖香和花香，口感柔软、清新，余韵悠长。

清爽—醇厚：1（0–5）
辛辣度—甜度：0（0–5）

COTES DU VENTOUX

旺图谷玫瑰红葡萄酒

①法国（丘隆河产区）旺图谷
②农庄世家酒庄 ③神索、歌海娜、西拉

★这是由著名的教皇新堡产区酿酒师酿造的经济实惠的葡萄酒。

具有覆盆子、草莓、粉红辣椒等的香气。口感浓厚、平衡，果味余韵悠长。

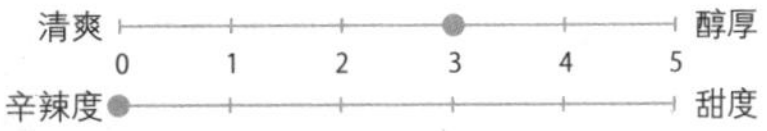

TAVEL

塔维勒玫瑰红葡萄酒

①法国（丘隆河产区）塔维勒
②阿格利亚酒庄 ③歌海娜、神索、慕合怀特等

★这个酒庄起源于16世纪，Avignon贵族在此种植葡萄。

具有野草莓、水果西红柿、粉红色辣椒等的香气。果味柔软，余韵悠长。

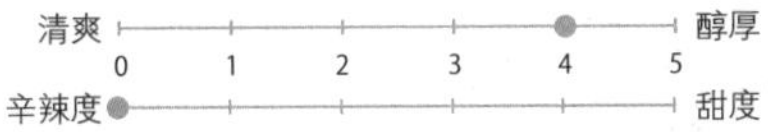

COTES DE PROVENCE ST.VICTOIRE

普罗旺斯丘圣维克托玫瑰红葡萄酒

①法国普罗旺斯丘圣维克托产区
②苏美尔酒庄 ③歌海娜、神索

★这个城堡的所有者，苏美尔家族。

具有树莓、红苹果、小番茄般的香味，醇厚的果香和矿物质香气余韵悠长。

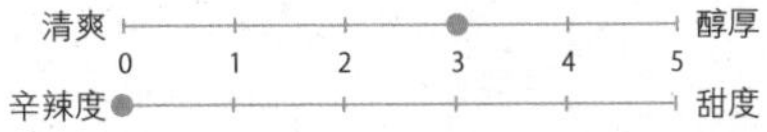

COSTIERES DE NIMES

尼姆丘玫瑰红葡萄酒

①法国（朗格多克露喜龙产区）尼姆丘
②Domaine De La Pelite Cassagne酒庄 ③西拉、歌海娜、慕合怀特

★因葡萄酒性价比高而备受瞩目。尼姆丘产区内还有一处世界遗产——水道桥。

具有覆盆子、樱桃、粉红色的辣椒等香味，口味和谐。味道厚重而平衡。

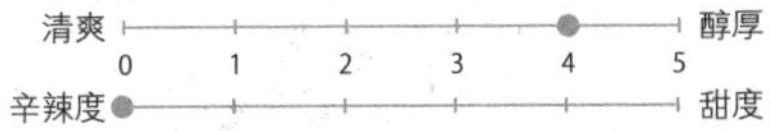

第4章 红葡萄酒和简单配菜

红葡萄酒和配菜的搭配方法

红葡萄酒与菜搭配的重点是调合辛辣和涩味。

因此，要把它做成含有五香粉和胡椒粉等调味料的菜。因为菜的颜色是深褐色，所以这是一道与什么调料都搭配的深褐色美食。

为便于做菜，应常备市售的小牛高汤和牛骨烧汁等。

另外，即使在添加了市售的红烧酱或照烧酱的酱汁中再添加红葡萄酒，也是很搭的。

但是，相比直接使用，把红葡萄酒放在一个小锅里煮沸再与酱汁相配更好。通过这样做，酱汁的甜度可以降低红葡萄酒的酸度，两者能搭配得更好。一种由红葡萄酒和照烧酱，加上黄油制成的速溶酱，广泛用于多油脂的鱼类和肉类等。

红葡萄酒配菜

拌鲣鱼泡菜

田崎真也的菜谱

- **可用金枪鱼红肉片代替。**
- **可根据喜好调味。**
- **苦椒酱可用豆瓣酱和红辣椒酱代替，也与红葡萄酒搭配。**

【材料】2 人份

鲣鱼生鱼片（或剁碎）	100 克
白菜泡菜	60 克 / 位
[调味料]	
番茄菜泥	1 大匙
番茄酱	1 大匙
苦椒酱	适量
芝麻油	少量
黑胡椒粉	适量

【做法】

1. 将鲣鱼切成小薄片。

2. 将泡菜切成细丝，放入碗中，加入步骤 1 中的鲣鱼，拌匀。

3. 加入调味料，拌匀，装盘。

推荐搭配

意大利/巴贝拉红葡萄酒

美国/加利福尼亚州仙粉黛红葡萄酒

意大利/伊松佐弗留利卡本内红葡萄酒

八丁味噌炖煎豆腐

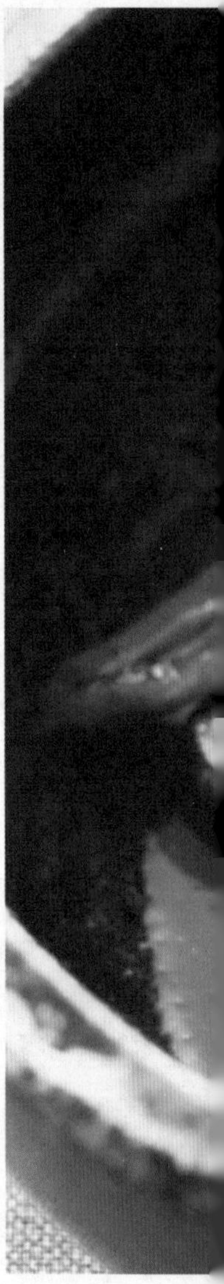

【材料】2 人份

煎豆腐	1 块
短小的绿辣椒	6 个
橄榄油	1 大匙
[酱汁]	
红葡萄酒	100 毫升
小牛高汤（罐装）	100 毫升
八丁味噌	1 大匙
砂糖	2 小匙
黄油	少量
黑胡椒粉	少量

【做法】

1. 在锅内加入红葡萄酒和小牛高汤（市场上卖的罐装等），稍微熬干。

2. 加入八丁味噌、白砂糖，拌匀。

3. 加入黄油、黑胡椒粉，调成酱汁，盛起备用。

4. 在平底锅中放橄榄油，加热，放入切成 1.5 厘米厚的豆腐，两面煎。

5. 加入短小的绿辣椒和步骤 3 中的酱汁，小火炖 5 分钟，途中不停地把酱汁铲到豆腐上。

6. 将短小的绿辣椒和豆腐装盘，最后淋上酱汁。

推荐搭配

日本／新泻深雪花红葡萄酒

葡萄牙／杜奥红葡萄酒

西班牙／拉曼恰丹魄红葡萄酒

田崎真也的菜谱

- **炖的时候时不时翻转豆腐，以防炖焦粘锅。**
- **白砂糖和黑胡椒粉可根据喜好进行调整。**

煮茄子番茄

【材料】2 人份

茄子	3 小根
洋葱碎	2 大匙
番茄圈（切）	200 克
鸡汤宝	100 毫升
红葡萄酒	2 大匙
葡萄酒醋	少量
蒜末	少量
盐、胡椒粉	适量
干香草（牛至）	少量
油	2 大匙

【做法】

1. 将茄子竖着切成两半，每一半再切成两小半。
2. 在平底锅中放油、加热，加入茄子，翻炒。
3. 加入洋葱、蒜末、鸡汤宝、红葡萄酒、番茄圈、葡萄酒醋、牛至、盐、胡椒粉，拌匀，继续炖。
4. 将茄子炖软后装盘。

田崎真也的菜谱

- 可用番茄汁、番茄菜泥代替。
- 可用百里香代替牛至，但即使都不放，也与红葡萄酒很搭配。

推荐搭配

意大利/巴贝拉红葡萄酒

意大利/普里米蒂沃红葡萄酒

意大利/托斯卡纳意博萨格里奥红葡萄酒

油烧香菇腊肉

田崎真也的菜谱

●香菇是与红葡萄酒搭配的食材，也可用其他蘑菇代替

【材料】2 人份

生香菇	10 个
腊肉（块）	50 克
洋葱碎	2 大匙
意大利芹菜碎	2 大匙
蒜末	2 小匙
盐、胡椒粉	适量
油	2 大匙
黄油	1 大匙

【做法】

1. 将腊肉切成 5 毫米厚，生香菇摘去香菇根，备用。

2. 在平底锅中放油加热，加入黄油、腊肉、香菇、洋葱、意大利芹菜、蒜末，翻炒。

3. 加入盐、胡椒粉调味，完成。

推荐搭配

法国/波尔多法郎丘罗里奥酒庄红葡萄酒

意大利/瑞芭思红葡萄酒

德国/蓝色多瑙河圣菲德红葡萄酒

鲣鱼

【材料】2人份	
鲣鱼生鱼片（或剁碎）	100克
小洋葱	2个
大蒜	2瓣
帕尔玛奶酪（芝士）	适量
意大利芹菜	适量
盐、胡椒粉	适量
炸食物用的油	适量
[酱汁]	
葡萄酒醋	2小匙
酱油	2小匙
盐、胡椒粉	适量
橄榄油	2大匙
芝麻油	1小匙

【做法】

1. 将大蒜切成薄片，用油炸成碎蒜。将小洋葱切成环状。帕尔玛奶酪用削皮器削成薄片。

2. 把做酱汁的材料全部拌匀。

3. 将鲣鱼切成薄片，排列在盘子里（避免重叠）。

4. 在步骤3的材料中加入盐、胡椒粉，浇上步骤2中的酱汁，加入步骤1中的材料，最后加入意大利芹菜，完成。

推荐搭配

意大利／月之河巴贝拉阿斯蒂红葡萄酒

法国／希侬红葡萄酒

法国／卡奥尔拉格泽特春天红葡萄酒

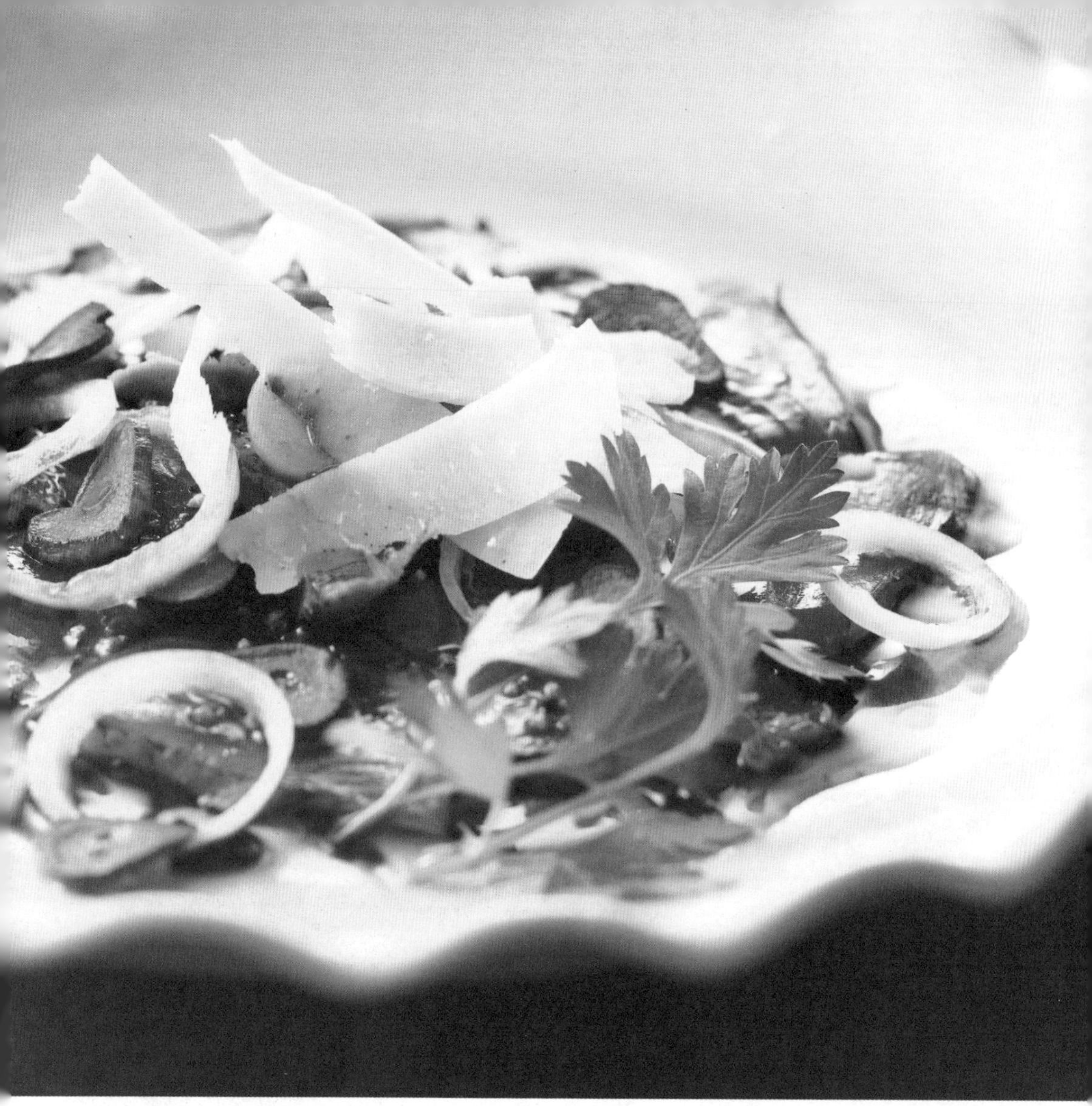

田崎真也的菜谱

- 酱汁中可加入碎蒜或蒜末。
- 如果没有帕尔玛奶酪，就撒上芝士粉。
- 意大利芹菜可用青紫苏叶等代替。

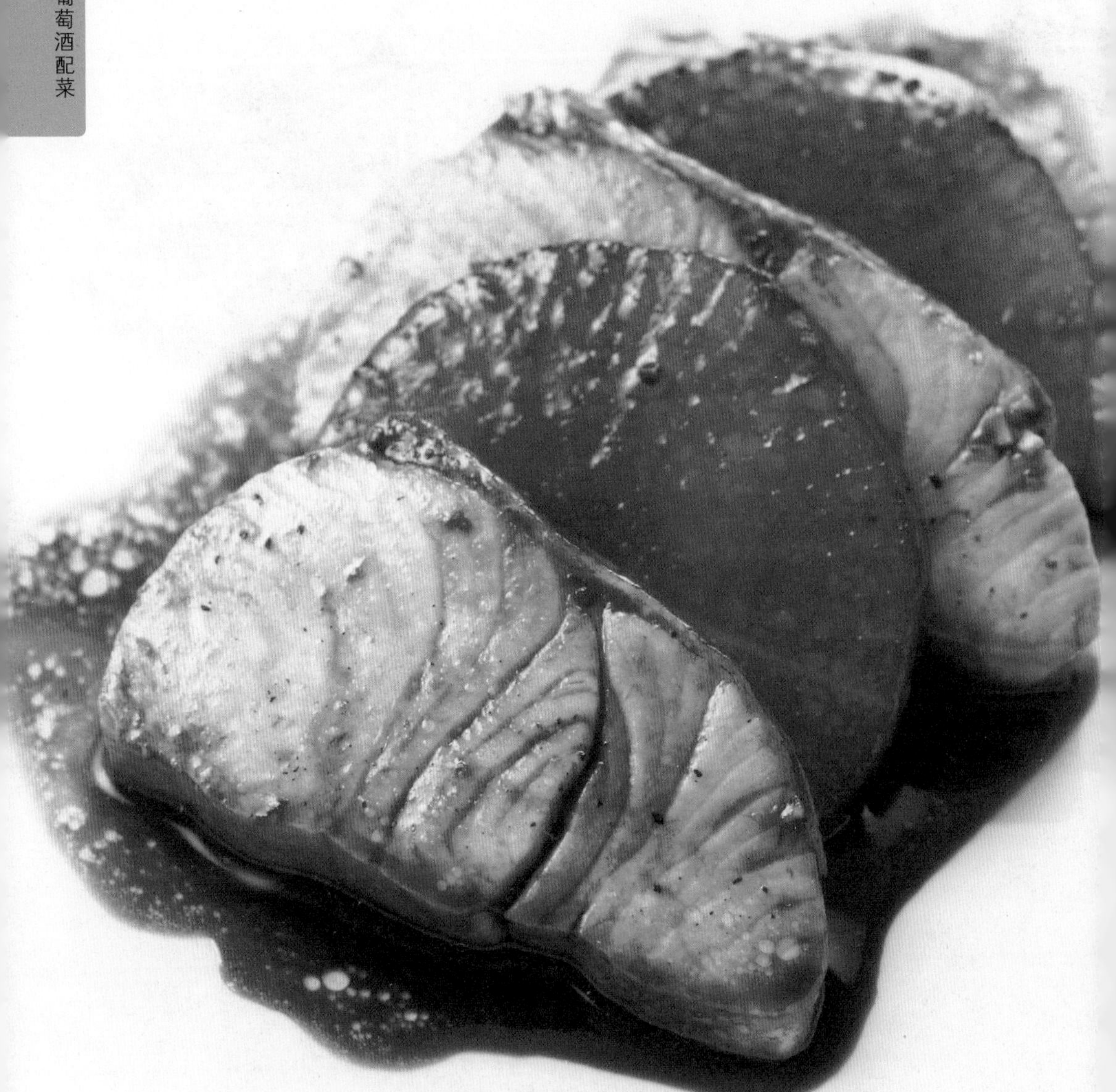

鲥鱼萝卜千层派
红葡萄酒口味

【材料】2 人份

鲥鱼刺身（块）	130 克 / 位
萝卜（2 厘米厚薄片）	4 块
鸡精	适量
盐、胡椒粉	适量
小麦面粉	适量
油	少量
粗黑胡椒粉	少量
[酱汁]	
红葡萄酒	70 毫升
小牛高汤（罐装）	70 毫升
酱油	1 大匙
甜料酒	1 大匙

田崎真也的菜谱

- 如果没有小牛高汤，可以使用被热水融化后的固状清汤。
- 将胡椒粒磨成黑胡椒细粒。
- 注意烧鲥鱼时，火候不能过大。

【做法】

1. 将鲥鱼切成 1 厘米多厚的鱼块，撒上盐和胡椒粉，拌入小麦粉。

2. 将萝卜去皮，切成薄片，然后放入用盐和胡椒调过味的鸡肉汤中煮软，备用。

3. 将红葡萄酒和小牛高汤倒入锅中并开火煮，待酒精成分喷出后，倒入酱油和甜料酒，将其煮至沸腾后，立即关火。

4. 平底锅中的油热后，放入一条鲥鱼和两根萝卜。将它们稍微煎一下，然后加入三勺酱汁，并用酱汁涂满鲥鱼和萝卜，最后装盘，浇上酱汁。

5. 在鲥鱼上撒上磨过的黑胡椒。

推荐搭配

意大利／巴贝拉红葡萄酒

日本／长野紫威特红葡萄酒

奥地利／坎普谷紫威特红葡萄酒

煮梅干沙丁鱼

【做法】

1. 将沙丁鱼洗干净后去掉鳞片，备用。

2. 在大小合适的锅中放入沙丁鱼和梅干，倒入红葡萄酒和汤汁，然后盖上锅盖，开火煮。

3. 煮沸后调成中火，浇上一圈酱油。1 分钟之后倒入甜料酒，再煮上 2~3 分钟。在这段时间内，可以把熬出来的汤汁浇在沙丁鱼上。

4. 把沙丁鱼和梅干装盘，一边调味，一边熬浓汤酱汁。

5. 在沙丁鱼上浇上酱汁，撒上磨过的黑胡椒。

【材料】2 人份

沙丁鱼（刺身用）	3 ～ 4 条
梅干（红、大）	5 ～ 6 个
红葡萄酒	100 毫升
海带汁	100 毫升
酱油	2.5 大匙
甜料酒	3.5 大匙
黑胡椒粉	适量

田崎真也的菜谱

●沙丁鱼不去肠烹饪。

●汤汁可以用颗粒和浓缩型的汤汁代替。

推荐搭配

意大利／阿尔巴多姿红葡萄酒

意大利／若索皮切诺红葡萄酒

匈牙利／维拉尼葡萄牙人红葡萄酒

油烤沙丁鱼

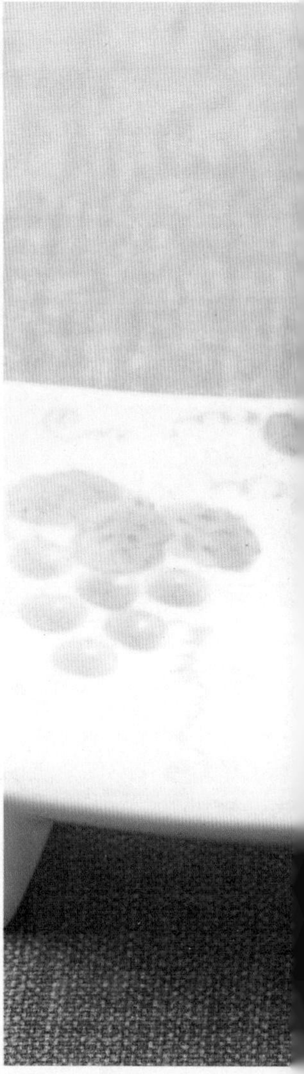

【材料】2 人份

沙丁鱼（罐装）	1 罐
[酱汁]	
橄榄油	1 大匙
酱油	1 小匙
葡萄酒醋	1 小匙
姜末	少量
蒜末	少量
牙买加椒	少量

【做法】

1. 将酱汁的材料全部倒在一起搅拌。
2. 打开油浸沙丁鱼的盖子，然后适量撇掉里面的油。
3. 将步骤 1 中的酱汁全部倒入罐中，直到浸过整条沙丁鱼。
4. 把步骤 3 中的材料直接调成小火，煮 1 分钟左右后出锅。根据个人喜好添加柠檬和凉拌菜等。

推荐搭配

日本／北海道十胜清见红葡萄酒

奥地利／克雷姆斯谷紫威特红葡萄酒

美国／加利福尼亚州仙粉黛红葡萄酒

田崎真也的菜谱

- 油有引火的危险，注意调节火候大小。
- 油浸调味料可以用五香粉、肉豆蔻和三味香辛料等其他调味料代替，搭配红葡萄酒。

黑椒金枪鱼排

【材料】2人份

金枪鱼肉（块）	200克
盐	适量
粗黑胡椒粉	适量
油	2大匙
[酱汁]	
红葡萄酒	100毫升
小牛高汤（罐头）	100毫升
酱油	2大匙
黄油	2大匙
盐、胡椒粉	适量

田崎真也的菜谱

- **可以烹饪得如牛肉一样美味。注意控制火候，不要过大。**
- **可以用市场上销售的法式多蜜酱汁代替小牛高汤。**

【做法】

1. 在锅中倒入红葡萄酒和小牛高汤，用火熬至三分之一的量，然后加入酱油和黄油，搅拌均匀，最后用盐和胡椒粉调味，做成酱汁。

2. 将金枪鱼切成两半，抹上盐，然后均匀撒上研磨后的黑胡椒细粒。

3. 在平底锅中倒入油加热，把步骤2中的金枪鱼放入锅中两面煎烤，煎到五成熟后出锅。

4. 将金枪鱼装盘，浇上步骤1中的酱汁即可。

推荐搭配

法国/克罗兹埃米塔日红葡萄酒

意大利/瓦坡里切拉瓦尔潘特纳瑞托可红葡萄酒

日本/长野梅洛红葡萄酒

照烧牡蛎

【材料】2 人份

生牡蛎（可加热）	10 个
小麦粉	适量
白葱	1 根
油	1 大匙
黄油	1 大匙
[酱汁]	
红葡萄酒	2 大匙
酱油	1 大匙
甜料酒	1 大匙
蒜末	1 小匙
五香粉	少量

田崎真也的菜谱

- **一旦开火烹饪牡蛎，料理的速度要快。**
- **可以用油浸调味料、肉豆蔻和粉山椒等代替五香粉，搭配红葡萄酒。**

【做法】

1. 沥干牡蛎的水分，然后用小麦粉涂满备用。

2. 把白葱切成 5 厘米的长度，倒入平底锅中，炒至金黄色备用。

3. 把酱汁的材料混合在一起，备用。

4. 在平底锅中倒入油加热，翻炒步骤 1 中的牡蛎和步骤 2 中的白葱，用纸巾等擦拭掉平底锅中的水分。

5. 在步骤 4 中加入步骤 3 中的酱汁和黄油，把它们炒热后出锅，装盘。

推荐搭配

意大利／丽伯特奇罗红葡萄酒

葡萄牙／阿连特茹红唐马尔廷奥红葡萄酒

西班牙／里奥哈陈酿红葡萄酒

酱煮鳗鱼

田崎真也的菜谱

- 如果没有面汤，可以将汤汁酱油等利用同种方法制作出来。
- 当然，还可以用鲣鱼海带汤汁、甜料酒、酱油和酒制作面汤，加入一半左右的肉汤后出锅。
- 除烤鳗鱼外，还可以使用炸鸡等制作。

【做法】

1. 在面汤素中加入肉汤，等到煮浓后出锅备用。

2. 把萝卜泥加入步骤 1 的材料中煮沸。如果味道淡了，加面汤素；如果味道浓了，加肉汤来调味。

3. 在步骤 2 的材料中，放入切成大小合适的烤鳗鱼，稍微煮一下后关火，浇上一圈芝麻油后装盘。最后放入水煮过的紫花豌豆。

【材料】2 人份

烤鳗鱼（市面上卖的）	2 条
萝卜泥	适量
面汤素	适量
肉汤	适量
芝麻油	少量
紫花豌豆	适量

推荐搭配

德国／莱茵高黑皮诺红葡萄酒

法国／蒙彼利埃红葡萄酒

日本／山口马斯喀特浆果A红葡萄酒

红葡萄酒炖鳗鱼

田崎真也的菜谱

- 煮红葡萄酒时，酒精容易引火，请小心。
- 小青椒及其他蔬菜，可随意添加。

【材料】2人份

烤鳗鱼（市面上卖的）	2条
短小的绿辣椒	6个
红葡萄酒	适量
烧烤汁	买的时候配的量
粉山椒	少量
黄油	少量

【做法】

1. 在平底锅中倒入少于5毫升的红葡萄酒并加热。

2. 在步骤1的材料中加入烧烤酱汁、粉山椒、烤鳗鱼和小青椒，再用铝箔等盖上，然后用大火焖上3分钟。

3. 把鳗鱼和小青椒装盘。在步骤2中的酱汁中加入黄油，等它融化后，再浇到鳗鱼上面即可出锅。

推荐搭配

法国/特里加斯丹艾思图城堡红葡萄酒

西班牙/托罗德萨佳阁红葡萄酒

美国/加利福尼亚州仙粉黛红葡萄酒

红葡萄酒黄油煎微咸鲑鱼

【材料】2 人份

稍微腌咸的鲑鱼	2 条
生香菇	4 个
油	1 大匙
黄油	1 大匙
[酱汁]	
红葡萄酒	70 毫升
柑橘酱汁	1 大匙
芥末	1 大匙
黄油	3 大匙
盐、胡椒粉	少量

田崎真也的菜谱

- 可以使用稍微腌咸的大头鳕等。
- 除新鲜香菇之外，还可以用其他蘑菇代替。
- 请记住“红葡萄酒黄油”是很方便使用的酱汁。

【做法】

1. 制作酱汁。将红葡萄酒、柑橘酱汁和芥末倒入锅中并开火煮，一边搅拌一边慢慢熬浓。

2. 一边均匀搅拌一边放入步骤 1 中的黄油，制作成顺滑的酱汁，最后用盐和胡椒粉调味即可出锅。

3. 在平底锅中倒入油加热，随后加入黄油，两面煎烤鲑鱼并加入去掉蘑菇根的蘑菇，装盘。最后浇上步骤 2 中的酱汁。

推荐搭配

法国/勃艮第红葡萄酒

德国/法耳次赤霞珠红葡萄酒 Q.b.A

法国/都兰红葡萄酒

五香炒鸡肝

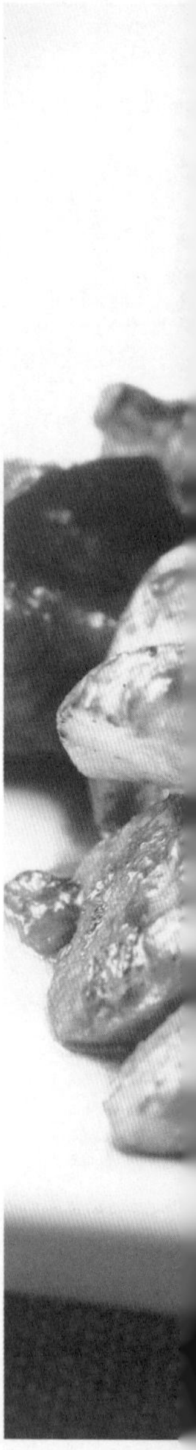

田崎真也的菜谱

- 料理速度要快。
- 可以用油浸调味料、肉豆蔻和粉山椒等代替五香粉。

【材料】2 人份

鸡肝	150 克
杏鲍菇	3 大朵
洋葱碎	2 大匙
油	2 大匙
[酱汁]	
红葡萄酒	3 大匙
八丁味噌	1 大匙
甜料酒	1 大匙
五香粉	1 小匙
蒜末	1 小匙

【做法】

1. 把鸡肝和杏鲍菇切成适宜大小。
2. 将酱汁的材料混合在一起备用。
3. 在平底锅中倒入油加热，再将剁碎的洋葱、鸡肝和杏鲍菇倒入并翻炒。
4. 在步骤 3 的材料中加入步骤 2 中的酱汁，再炒一会儿后装盘。

推荐搭配

西班牙/纳瓦拉阿塔族瑞红葡萄酒

法国/罗纳河谷红葡萄酒

意大利/阿尔巴多姿红葡萄酒

田崎真也的菜谱

- 可以用来烹饪鸡肉和牛肉。
- 可以用红味噌代替八丁味噌。
- 可以使用肉豆蔻之外的调味料。

八丁味噌炒猪肉蘑菇

【材料】2 人份

猪肩部里脊肉片	150克
玉蕈	1 簇
生香菇	4 个
油	1 大匙
黄油	1 大匙
[酱汁]	
红葡萄酒	4 大匙
八丁味噌	1 大匙
肉豆蔻仁	少量
黑胡椒粉	少量

【做法】

1. 把猪肉、玉蕈和生香菇切成适宜大小备用。

2. 把酱汁的材料混合在一起备用。

3. 在平底锅中倒入油加热，倒入步骤 1 中的材料并翻炒。

4. 翻炒一段时间后，在锅中加入步骤 2 中的酱汁和黄油，再均匀翻炒，然后出锅装盘。

推荐搭配

西班牙／阿利坎特陈酿红葡萄酒

法国／瓦尔丘红葡萄酒

法国／朗格多克蒙佩鲁酒庄红葡萄酒

猪绞肉温制饼

【材料】2 人份

[肉饼材料]	
碎猪肉	150 克
猪肝（剁碎）	50 克
蛋黄	1 个
蒜末	少量
姜末	少量
小茴香籽	2 小匙
肉豆蔻仁	2 小匙
盐、胡椒粉	适量
[酱汁]	
半冰沙司酱	100 克
红葡萄酒	50 毫升
葡萄酒醋	1 大匙
黄油	1 大匙
盐、胡椒粉	适量

田崎真也的菜谱

- 如果没有猪肝，可以用鸡肝代替。
- 也可以使用孜然粉末。可以用肉桂和油浸调味料代替肉豆蔻。
- 虽然没有酱汁也很美味，但是要用盐和胡椒粉调味。

【做法】

1. 把肉饼的材料全部倒入碗中，用手搅拌，直到出现黏黏的感觉。

2. 把酱汁的材料倒入锅中，一边用火加热一边均匀搅拌，然后用盐和胡椒粉调味。

3. 将步骤 1 中的肉饼捏成型后，在氟树脂加工的平底锅中煎肉饼并装盘。最后浇上步骤 2 中的酱汁即可。

推荐搭配

西班牙／胡米亚爱途仕红葡萄酒

法国／密内瓦红葡萄酒

南非／皮诺塔吉红葡萄酒

葡萄酒醋风味关西寿喜烧

【材料】2 人份

做寿喜烧用的牛肉	180 克
洋葱	1/2 个
水芹	1 束
砂糖	1.5 大匙
葡萄酒醋	2 大匙
红葡萄酒	3 大匙
酱油	2 大匙

田崎真也的菜谱

- 注意牛肉的过火方式，稍微煮一下即可出锅。
- 葡萄酒醋是用来搭配红葡萄酒的调味料。

【做法】

1. 在平底锅中倒入砂糖，开火加热。在砂糖微微变成焦糖的时候，把它盖到牛肉上备用。

2. 把步骤 1 中的牛肉翻一下身，再倒入葡萄酒醋、红葡萄酒和酱油，然后加入切成薄片的洋葱和切掉根部的水芹，将它们稍微煮一下即可装盘。

推荐搭配

法国/波尔多法郎丘罗里奥酒庄红葡萄酒

澳大利亚/赤霞珠梅洛混酿红葡萄酒

美国/加利福尼亚州红葡萄酒

土豆炖肉
红葡萄酒风味

【材料】2 人份

土豆（新鲜）	小，5～6 个
碎牛肉块	100 克
洋葱	1/4 个
九条葱	1 根
牛肉汤	大致能漫过土豆的量
酱油	适量
甜料酒	适量
红葡萄酒	50 毫升
黑胡椒粉	适量
油	1 大匙

【做法】

1. 将洗过的土豆连皮一起放入微波炉中加热。

2. 将油倒入锅中，轻轻翻炒牛肉，再加入步骤 1 中的土豆。接着倒入肉汤和红葡萄酒并加热。

3. 在步骤 2 的材料中加入酱油和甜料酒来调味。

4. 将步骤 3 中切成薄片的洋葱和切成适宜大小的九条葱倒入锅中，煮 7~8 分钟后，撒上黑胡椒即可出锅装盘。

田崎真也的菜谱

- 把土豆放入微波炉中加热可以快速完成。如果土豆不新鲜，要把它剥皮，然后切成合适的大小并加热。
- 一边调味一边逐量添加酱油和甜料酒。
- 可以使用猪肉。

推荐搭配

葡萄牙／杜奥红葡萄酒

法国／弗勒里红葡萄酒

日本／新泻深雪花红葡萄酒

大葱爆炒鸭肉

【材料】2 人份

鸭胸肉	200 克
白葱	2 根
蘸料	500 毫升
红葡萄酒	50 毫升
甜料酒	少量
柚子胡椒粉（红）	适量

田崎真也的菜谱

- 剥掉鸭皮，放面汤里腌一下，这个步骤是关键。
- 不要加入太多其他的蔬菜，简单的材料更能突出鸭子的美味。

【做法】

1. 剥掉鸭皮，把鸭皮切碎，把鸭身切成微厚的薄片。
2. 将白葱切成 5 厘米长，然后放入平底锅中翻炒至金黄色，备用。
3. 把面汤倒入锅中，再加入红葡萄酒和甜料酒，开火加热。
4. 在步骤 3 的材料中倒入步骤 1 中的鸭皮和步骤 2 中的葱，开火加热，最后放入鸭身。烧至五成熟时，关火装盘。可根据个人喜好添加柚子胡椒粉。

推荐搭配

法国/勃艮第博恩高坡红葡萄酒

美国/加利福尼亚州黑皮诺红葡萄酒

澳大利亚/风之谷黑皮诺红葡萄酒

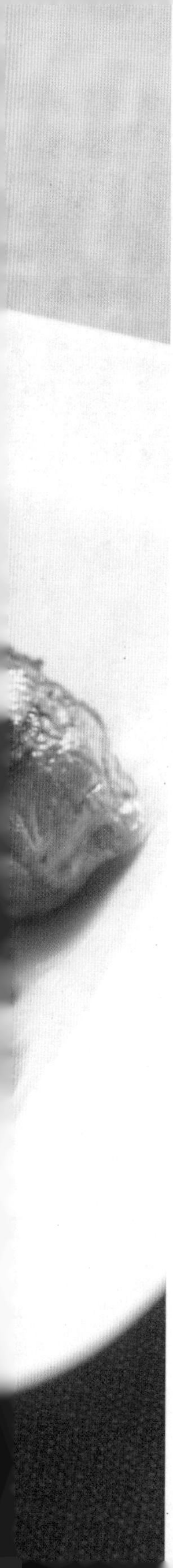

蒜泥风味烤羔羊

【材料】2人份

羔羊肉排	5～6根
橄榄油	100毫升
大蒜薄片	3瓣的量
朝天椒	1个
盐、胡椒粉	适量
粗黑胡椒粉	适量

田崎真也的菜谱

- 注意羔羊肉排的烹饪火候。
- 可以使用鸡肉或其他肉类和鱼肉进行烹饪。请一定要试试。

【做法】

1. 在羊排上撒上盐和胡椒粉备用。

2. 在平底锅中倒入橄榄油、切成薄片的大蒜以及朝天椒，开火翻炒。

3. 当油温达到170摄氏度时，放入步骤1中的羊排，调成中火，然后翻炒至五成熟，装盘。

4. 将黑胡椒细粒磨碎后，撒到羊肉上。

推荐搭配

法国／上梅多克雷臣男爵红葡萄酒

法国／福日尔红葡萄酒

智利／佳美娜珍藏红葡萄酒

田崎真也的菜谱

- 也可以使用横膈膜牛排。
- 如果没有番茄酱，可以用番茄汁和番茄泥代替。

泡菜风味酱汁羊排

【材料】2 人份

羔羊肉排	6 根
盐、胡椒粉	适量
橄榄油	适量
[酱汁]	
洋葱	1/4 个
白菜泡菜	50 克
番茄酱（市场上卖的）	100 克
黄油	2 大匙
盐、胡椒粉	适量
橄榄油	适量

【做法】

1. 在羊排上撒上盐和胡椒粉，备用。

2. 把切碎的泡菜和剁碎的洋葱倒入锅中，然后和橄榄油一起翻炒，再倒入番茄酱，加热到均匀，混入菜中。放入黄油并搅拌，然后用盐和胡椒粉调味，浇上酱汁即可出锅。

3. 在平底锅中倒入橄榄油加热，将步骤 1 中的羊排肉双面煎至五成熟，然后装盘。

4. 在步骤 3 的材料中浇上步骤 2 中的酱汁。

推荐搭配

智利／梅洛红葡萄酒

阿根廷／珍藏马尔贝克红葡萄酒

美国／加利福尼亚州老藤幕维得尔红葡萄酒

咖喱风味羊排锅

田崎真也的菜谱

- **如果没有咖喱粉，可以用咖喱酱代替。两者浓度不同，使用时请注意分量。**
- **也可以用来烹饪鸡腿肉和猪肉等。**

【材料】2人份

羊羔肉薄片	150克
洋葱	1/2个
土豆	2个
蘑菇	6朵
肉汤	土锅量的3/4
咖喱粉	适量
盐、胡椒粉	适量

【做法】

1. 在小号陶锅中倒入肉汤，开火煮。可根据个人喜好添加咖喱粉、盐和胡椒粉来调味。

2. 在步骤1的锅中加入切成薄片的洋葱和土豆，然后放入去了根的蘑菇，开火加热。

3. 在步骤2的锅中加入切成合适大小的羊肉，稍微煮一下，然后关火，出锅。

推荐搭配

德国/莱茵高黑皮诺红葡萄酒

法国/蒙彼利埃红葡萄酒

日本/山口马斯喀特浆果A红葡萄酒

推荐的
红葡萄酒名录

※ 查看口味基准是为了找到喜欢的葡萄酒，而且也有田崎真也的试饮点评，选购葡萄酒时请参考。

北海道十胜清见红葡萄酒

KIYOMI

① 日本（北海道）池田町
② 十胜酒酒庄 ③ 清见

★ 十胜地区的池田町对法国产的葡萄进行了改良，开发出了适应当地气候的『清见』葡萄。

🍷 具有野草莓、调味料、树脂和枯叶等香气。口感柔和，酸度稳定。

清淡 0 1 ● 2 3 4 5 浓郁

北海道鹤沼紫威特红葡萄酒

ZWEIGELT-REBE

① 日本（北海道）小樽市
② 北海道葡萄酒酒庄 ③ 紫威特

★ 1972年，酒庄开始着手进行葡萄栽培试验。2年后，在一座可以眺望小樽海洋的山中建造了葡萄园。酒庄葡萄园面积扩大为4.47平方千米。

🍷 具有熟透的果香以及野蔷薇、黑胡椒、树脂、调味料的香气。口感柔和顺滑。

清淡 0 1 ● 2 3 4 5 浓郁

长野紫威特红葡萄酒

ZWEIGEL TREBE

① 日本（长野）盐尻市产区
② 井筒葡萄酒酒庄 ③ 紫威特

★ 酒庄位于盐尻市桔梗原。使用当地合作农户种植的葡萄酿造葡萄酒。

🍷 具有野草莓、蓝莓、野蔷薇、以及调味料和树脂的香气。口感醇厚又带些许涩味，给人一种清爽的感觉。

清淡 0 1 ● 2 3 4 5 浓郁

MERLOT

长野梅洛红葡萄酒

①日本（长野）盐尻市产区
②井筒葡萄酒酒庄 ③梅洛

★昼夜温差大，日本国内紫外线最强，天气多晴朗，空气干燥——在这种气候下的桔梗原上种植的葡萄。

🍷具有黑樱桃、野蔷薇的香气以及调味料和土壤等的香气。口感醇厚，整体平衡。

清淡 0 1 ●2 3 4 5 浓郁

MIYUKIBANA

新泻深雪花红葡萄酒

①日本（新泻）上越市产区
②岩原葡萄园 ③马斯喀特浆果A等

★岩原葡萄园是由胜海舟的友人川上善兵卫建立的。葡萄酒的酿造方法传承并活用了上越市的风土气候的特色。

🍷具有蓝莓、黑醋栗、紫罗兰花、土壤和香草等的香气。口感醇厚，单宁柔和。

清淡 0 1 ●2 3 4 5 浓郁

MUSCAT BELLEY A

山口马斯喀特浆果A红葡萄酒

①日本（山口）山阳小野田市
②永山酒造山口酒庄 ③马斯喀特浆果A

★酒庄位于宇部市附近的山区。得益于当地丰富的自然资源，培育出了正宗欧洲品种的霞多丽和赤霞珠。

🍷野草莓、蓝莓、调味料和土壤等气息融为一体。口感醇厚，柔和的果香在口中慢慢发散开来。

清淡 0 ●1 2 3 4 5 浓郁

AMERICA MEDITRINA

美国美蒂瑞纳红葡萄酒

①美国
②Sokol Blosser酒庄 ③黑皮诺、西拉、仙粉黛

★Sokol Blosser酒庄是种植俄勒冈葡萄的先驱。2005年，它获得美国国务院颁发的有机产品认证证书。具有水煮黑樱桃、紫罗兰花、调味料、香草的香气。

🍷口感醇厚，平衡柔和。

清淡 0 1 2 ●3 4 5 浓郁

CALIFORNIA ZINFANDEL

加利福尼亚州仙粉黛红葡萄酒

①美国（加利福尼亚） ②Rosenblum酒庄 ③仙粉黛、小西拉

★酒庄主人原先从事兽医行业，后来因为对葡萄酒兴趣浓厚而转行。这瓶酒中融合了不同地区、不同品种以及不同年份的葡萄酒的特点。

🍷具有黑樱桃、野蔷薇花、黑胡椒、香草的香气。口感醇厚，酸度平衡柔和。

清淡 0 1 2 3 4 5 浓郁（3）

CALIFORNIA MERLOT

加利福尼亚州梅洛红葡萄酒

①美国（加利福尼亚）纳帕谷产区 ②Leaping Lizard酒庄 ③梅洛

★酒庄的『Leaping Lizard』是『跳跃的蜥蜴』的意思，标签上也画有蜥蜴图案。同时也含有『哎呀，吓一跳！』这层含义。

🍷具有黑莓、紫罗兰花、香草、烘烤类食品的香气。口感醇厚，饱满的果香在口中慢慢发散开来。

清淡 0 1 2 3 4 5 浓郁（3）

CALIFORNIA CLARET

加利福尼亚州红葡萄酒

①美国（加利福尼亚）纳帕谷产区 ②纽顿酒庄 ③赤霞珠

★纽顿酒庄于1977年在纳帕谷的中心建立，位于海拔430米的春山的陡峭山坡上。

🍷具有黑莓、紫罗兰花、调味料和香草的香气。口感醇厚，整体平衡、余味悠长。

清淡 0 1 2 3 4 5 浓郁（4）

CALIFORNIA PINOT NOIR

加利福尼亚州黑皮诺红葡萄酒

①美国（加利福尼亚） ②罗伯特蒙达维酒庄 ③黑皮诺

★罗伯特蒙达维酒庄是加利福尼亚州具有代表性的顶级酒庄之一。它的一举一动都受到外界的广泛关注。

🍷具有野草莓、野蔷薇、红茶、烘烤类食物的香气。口感醇厚，饱满柔和。

清淡 0 1 2 3 4 5 浓郁（3）

CALIFORNIA CABERNET SAUVIGNON
加利福尼亚州赤霞珠红葡萄酒

① 美国（加利福尼亚）索诺玛县产区
② 安吉利酒庄 ③ 赤霞珠

★ 安吉利酒庄将索诺玛县设为基地。除赤霞珠之外，还种植仙粉黛和西拉。

具有黑莓、调味料、树脂、香草、烘烤类的香气。口感醇厚，整体平衡，相互融合。

清淡 0 1 2 3 4 5 浓郁 (●2)

CALIFORNIA PINOT NOIR
加利福尼亚州黑皮诺红葡萄酒

① 美国（加利福尼亚）索诺玛县产区
② 罗克堡酒庄 ③ 黑皮诺

★ 罗克堡酒庄与没有田地和设备，但掌握着高超的酿酒技术的酒庄签订合同，采用扩大生产基地的独特方式酿造葡萄酒。

具有蓝莓、野草莓、格雷伯爵茶以及香草等的香气。饱满的果香在口中蔓延，单宁柔和。

清淡 0 1 2 3 4 5 浓郁 (●3)

CALIFORNIA MOURVEDRE ANCIENT VINES
加利福尼亚州老藤幕维得尔红葡萄酒

① 美国（加利福尼亚）康特拉科斯塔县
② 赛琳酒庄 ③ 幕维得尔

★ 赛琳酒庄的主人的祖父是按摩浴缸的发明人。在旧品种不断被更新换代的时代，依旧专注于使用传统的酿酒技术酿造葡萄酒。

具有黑莓、调味料、树脂、土壤、烘烤类食物的香气。口感香醇，单宁稳定。

清淡 0 1 2 3 4 5 浓郁 (●3)

CALIFORNIA ZINFANDEL
加利福尼亚州仙粉黛红葡萄酒

① 美国（加利福尼亚）
② 赛琳酒庄 ③ 仙粉黛

★ 赛琳酒庄作为100%依靠太阳能电池运转的环保型酒庄而被人们所熟知。将仙粉黛放入法国产的橡木桶中，然后陈放一年，使其熟化。

具有类似黑樱桃、野蔷薇、黑胡椒和树脂的香气。口感柔和，酸度稳定，特征明显。

清淡 0 1 2 3 4 5 浓郁 (●3)

CALIFORNIA ZINFANDEL
加利福尼亚州仙粉黛红葡萄酒

① 美国（加利福尼亚）帕索罗布尔斯产区
② 海狸庄园 ③ 仙粉黛

★ 海狸庄园从20世纪80年代初开始酿造葡萄酒，1993年起将海狸庄园作为品牌名销售葡萄酒。

具有黑樱桃、调味料、香草和野蔷薇等香气。果香醇厚，余味高雅。

OREGON PINOT NOIR
俄勒冈黑皮诺红葡萄酒

① 美国（俄勒冈）威拉梅特谷产区
② 威拉梅特谷葡萄园 ③ 黑皮诺

★ 酒庄自1983年设立以来，追捧者不断增加，现已成为俄勒冈州最大的黑皮诺葡萄酒酒庄。

具有野草莓、蓝莓、红茶、野蔷薇和香草的香气。口感醇厚，饱满的果香在口中蔓延开来。

WASHINGTON HOUSE WINE
华盛顿招牌红葡萄酒

① 美国（华盛顿）哥伦比亚谷产区
② The Magnificent Wine Company ③ 赤霞珠、梅洛、西拉等

★ 该葡萄园位于喀斯喀特山脉东部，由于山脉阻挡了来自太平洋的海洋性气候，所以降雨量少，适宜种植葡萄。

有黑莓、紫罗兰花、调味料、香草、烘烤类食品的香气。口感醇厚，饱满平衡。

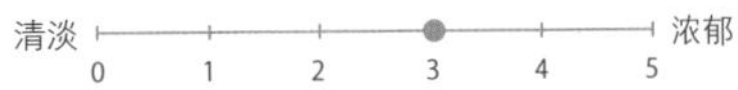

RESERVA MALBEC
珍藏马尔贝克红葡萄酒

① 阿根廷（门多萨）
② 台阶酒庄 ③ 马尔贝克

★ 台阶酒庄的葡萄园土质的昼夜温差高达15摄氏度，水果口感会更加甘甜，从而能酿造出更加优质的葡萄酒。

将黑莓、紫罗兰花、调味料和香草等香气融为一体。口感醇厚，饱满强劲。

BARBERA D'ASTI SUPERIORE LA LUNA E I FALO

月之河巴贝拉阿斯蒂红葡萄酒

①意大利（皮埃蒙特）巴贝拉阿斯蒂产区 ②达威隆德蒙蒂酒庄 ③巴尔贝拉

★为进一步加强葡萄酒的销售而创建的酒庄，由14家合作社组成。将葡萄放入橡木桶陈放一年，使其成熟，其中三分之一使用新橡木桶。

具有黑樱桃、野蔷薇、调味料、枯叶、矿物质的香气。柔和的果香在口中蔓延，酸味和单宁融为一体。

清淡 0 1 2 3 4 5 浓郁

BARBERA D' ALBA

巴贝拉红葡萄酒

①意大利（皮埃蒙特）巴贝拉干红产区 ②皮欧酒庄 ③巴贝拉

★皮欧酒庄建于1881年。其第四代庄主一直秉承『宁可产量不多，也要保证优质』的精神。

具有黑樱桃、野玫瑰、黑胡椒、树脂、矿物质的香气，柔和的果香和生硬的酸味相协调。

清淡 0 1 2 3 4 5 浓郁

VALPOLICELLA VALPANTENA RITOCCO

瓦坡里切拉瓦尔潘特纳瑞托可红葡萄酒

①意大利（威内托大区）瓦坡里切拉产区 ②瓦尔潘特纳酒庄 ③科维纳、罗蒂内拉

★合作社位于作为『罗密欧与朱丽叶』的舞台而闻名的维罗纳附近。260家农户培育着7平方千米的葡萄园。

具有蓝莓、野草莓、树脂般的香气。口感柔和、顺滑、后劲轻快。

清淡 0 1 2 3 4 5 浓郁

DOLCETTO D'ALBA BRICCO GALLUCCIO

阿尔巴多姿红葡萄酒

①意大利（皮埃蒙特）多尔切托达尔巴地区 ②贡巴酒庄 ③多尔切托

★拥有0.11平方千米的葡萄园。使用树龄超过25年的葡萄树上结的葡萄酿造葡萄酒。

具有黑樱桃、紫罗兰花、调味料、土壤的香气。醇厚的果香与柔和的单宁融为一体。

清淡 0 1 2 3 4 5 浓郁

CHIANTI

基安蒂红葡萄酒

①意大利（托斯卡纳）基安蒂产区
②奇点萨拉酒庄 ③桑杰维司

★在基安蒂产区中，它拥有得天独厚的葡萄栽培自然环境。

具有野草莓、蓝莓、野蔷薇、枯叶以及其他调味料的香气。口感柔和顺滑，整体平衡，余味悠长。

ISONZO DEL FRIULI CABERNET

伊松佐弗留利卡本内红葡萄酒

①意大利（弗留利·威尼斯朱利亚大区）伊松佐弗留利产区
②Collavini酒庄 ③赤霞珠、品丽珠

★Collavini酒庄通过葡萄酒，向世界各地的人们传播意大利东北部的弗留利的文化和传统。

黑樱桃和野玫瑰、香料、树芽的芳香相协调。柔软的水果味和辛辣味和谐相融。

MONTEPULCIANO D' ABRUZZO NOCCESE

蒙帕赛诺红葡萄酒

①意大利（阿布鲁佐大区）蒙帕赛诺干红葡萄酒产区
②Chiusa Grande酒庄 ③蒙特布查诺

★据说Chiusa Grande酒庄酿造葡萄酒的方针是，『回归从前农民的初心。葡萄酒不是奢侈品，而是农民的生活必需品。』

具有野草莓、水煮蓝莓、野蔷薇以及其他调味料的香气。果香柔和，整体顺滑。

TOSCANA IL BERSAGLIO

托斯卡纳意博萨格里奥红葡萄酒

①意大利（托斯卡纳）托斯卡纳IGT产区
②凯来丽可酒庄 ③桑娇维塞

★虽然是销售历史只有200年的新酒庄，但也收获了不少人气。

黑樱桃、野蔷薇、调味料、土壤、树脂等香气混合在一起。口感柔和，总体平衡顺滑。

LAGO DI CORBARA

科巴拉桑梅卡红葡萄酒

①意大利（翁布里亚）Lago di Corbara产区
②芭比酒庄 ③阿布鲁佐蒙帕塞诺、桑娇维塞等

★芭比酒庄建于1978年，它通过能自然调节温度的地下酒窖使葡萄酒熟化并进行装瓶。

🍷具有黑莓、野蔷薇、调味料、树脂和土壤的香气。柔和顺滑的果香在口中蔓延，平衡度好。

清淡 0 1 2 ●3 4 5 浓郁

ROSSO DI MONTEPULCIANO

蒙特普齐亚诺干红葡萄酒

①意大利（托斯卡纳）蒙特普齐亚诺干红葡萄酒产区
②IL Conventino酒庄 ③普鲁诺阳提、卡耐奥罗

★**IL Conventino**酒庄拥有得天独厚的气候条件和土壤来种植葡萄，不添加农药和化学物质，并且在当地最先采用这种方式酿造葡萄酒。

🍷黑樱桃、调味料、枯叶、土壤和香草的香气融为一体。口感醇厚，整体平衡，余味悠长。

清淡 0 1 2 ●3 4 5 浓郁

SALENTO PRIMITIVO

普里米蒂沃红葡萄酒

①意大利（普利亚大区）萨伦托IGT产区
②莱韦拉诺酒庄 ③普里米蒂沃

★1959年成立合作社，由1166名种植葡萄的农户组成。普里米蒂沃与仙粉黛是同一品种的葡萄。

🍷野草莓、蓝莓、黑胡椒和树脂等香气混合在一起。口感柔和，酸度稳定。

清淡 0 1 ●2 3 4 5 浓郁

ROSSO DI TORGIANO RUBESCO

瑞芭思红葡萄酒

①意大利（翁布里亚）托嘉诺镇产区
②龙阁罗醍酒庄 ③桑娇维塞、卡耐奥罗

★龙阁罗醍酒庄组织财团运营葡萄酒博物馆和橄榄油博物馆。

🍷具有黑樱桃、野蔷薇、调味料、树脂和枯叶的香气。口感柔和顺滑，余味悠长。

清淡 0 1 2 ●3 4 5 浓郁

CIRO ROSSO LIBER PATER

丽伯特奇罗红葡萄酒

①意大利（卡拉布里亚大区）奇罗产区

②伊波利托1845酒庄 ③桑娇维塞等

★伊波利托1845酒庄成立于1845年，但是2000年起，因其实行的葡萄园改革而受到外界的广泛关注。

具有油封黑莓、野蔷薇、枯叶和树脂等香气。口感柔和顺滑，酸味后来居上，在口中慢慢发散开来。

ROSSO PICENO SUPERIOR

若索皮切诺红葡萄酒

①意大利（马尔凯）若索比萨产区

②里帕特兰索内酒庄　蒙特布查诺、桑娇维塞

③若索皮切诺干型红葡萄酒

★据说皮切诺地区是马尔凯州最古老的村落。里帕特兰索内酒庄便位于这样一个可以眺望山川与大海的优美环境之中。

具有野草莓、糖煮蓝莓、野蔷薇、树脂等的香气。口感柔和顺滑，余味悠长。

CABERNET SAUVIGNON

赤霞珠红葡萄酒

①澳大利亚（南澳大利亚）巴罗莎谷产区

②彼德利蒙酒庄 ③赤霞珠

★巴罗莎谷移民的第6代庄主——彼德·利蒙于1979年创立彼德利蒙酒庄，并且他和180多家签约农户有着密切的联系。

将黑樱桃、调味料、香草和烘烤类的香气融为一体。口感醇厚饱满，单宁丰富。

PRIMITIVO DI MANDURIA LIRICA

曼杜里亚普里米蒂沃红葡萄酒

①意大利（普利亚大区）曼杜里亚普里米蒂沃产区

②曼杜里亚酒庄 ③普里米蒂沃

★曼杜里亚酒庄位于意大利东南部的萨兰托半岛。1932年，萨兰托半岛成立了合作社并开始生产优质的葡萄酒。

具有油封黑莓、野蔷薇、调味料、树脂和枯叶的香气。口感柔和，整体平衡。

PINOT NOIR WINDY PEAK

风之谷黑皮诺红葡萄酒

①澳大利亚（维多利亚州）
②德保利酒庄 ③黑皮诺

★酒庄自1928年成立以来，融合传统和最先进的技术。现在葡萄酒的年产量已超过500万箱。

具有油封野草莓、野蔷薇、格雷伯爵茶和香草的香气。醇厚馥郁的果香在口中慢慢发散开来。

清淡 0 1 2 3 4 5 浓郁

SICILIA LA SEGRETA

西西里赛格丽特红葡萄酒

①意大利（西西里岛）西西里IGT产区
②朴奈达酒庄 ③黑珍珠、梅洛等

★朴奈达酒庄成功将西西里岛本地的葡萄打入世界舞台。

具有油封蓝莓、调味料、土壤和香草的香气。口感柔和，果香饱满顺滑。

清淡 0 1 2 3 4 5 浓郁

CABERNET MERLOT

赤霞珠梅洛混酿红葡萄酒

①澳大利亚（西澳大利亚）玛格丽特河产区
②曼达岬酒庄 ③赤霞珠、梅洛

★玛格丽特河是澳大利亚优质葡萄酒的产地之一。曼达岬酒庄建立于1977年。

具有黑莓、紫罗兰花、调味料和树脂等的香气。口感醇厚平衡，余味悠长。

清淡 0 1 2 3 4 5 浓郁

SHIRAZ

设拉子红葡萄酒

①澳大利亚（新南威尔士州）猎人谷产区
②橡木谷酒庄 ③设拉子

★橡木谷酒庄建立于1893年，是澳大利亚最古老的酒庄之一。把从葡萄园收获的西拉放入法国产的橡木桶中，然后陈放2年使其熟化。

具有黑莓、紫罗兰花、调味料和香草的香气。醇厚饱满的口感与单宁融为一体。

清淡 0 1 2 3 4 5 浓郁

SHIRAZ MALBEC

设拉子马尔贝克混酿红葡萄酒

①澳大利亚（南澳大利亚）兰好乐溪产区
②坦普·布鲁尔酒庄 ③设拉子、马尔贝克

★酒庄名为『坦普·布鲁尔』，取自酒庄主人的祖先在英国建造的圆柱形教堂的名字。

🍷具有黑莓、紫罗兰花、调味料、香草和烘烤类的香气。口感醇厚饱满，单宁丰富。

MERLOT

梅洛红葡萄酒

①澳大利亚（澳大利亚东南部）
②Dreamtime Pass酒庄 ③梅洛

★酒庄名『Dreamtime Pass』中包含着『希望在一天结束时，壮丽的大自然培育出的果实的香气能为你带来梦想时光』这一层含义。

🍷水煮黑莓和黑樱桃中混合了紫罗兰花和香草的香气。口感醇厚，整体平衡。

KREMSTAL BLAUER ZWEIGELT HAID

克雷姆斯谷紫威特红葡萄酒

①奥地利（下奥地利州）克雷姆斯谷产区
②Erich Berger酒庄 ③紫威特

★Erich Berger酒庄被称为葡萄酒之乡，位于克雷姆斯谷以东7km处，并且拥有0.18平方千米的葡萄园。

🍷具有油封黑莓、野蔷薇、调味料和树脂的香气。果香柔和，入口后酸味和单宁会在口中慢慢发散开来。

SHIRAZ VIOGNIER

设拉子维欧尼混酿红葡萄酒

①澳大利亚（西澳大利亚）大南部地区／法兰克兰河产区
②亚库米酒庄 ③设拉子、维欧尼

★酒庄名『亚库米』在土著语中的意思是『我们选择的土地』。酒庄所在的法兰克兰河和波尔多的水土很相似。

🍷具有黑莓、野蔷薇、黑胡椒、树脂和烘烤类食品的香气。口感醇厚，单宁强劲。

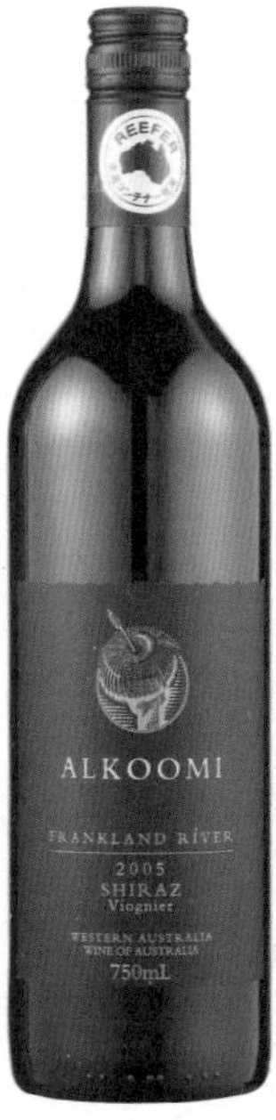

拉里奥哈红葡萄酒

RIOJA LA VENDIMIA

① 西班牙（埃布罗）里奥哈巴哈产区
② 帕拉西奥·雷蒙多酒庄 ③ 丹魄、歌海娜

★ 2000年，帕拉西奥·雷蒙多酒庄第5代庄主继任。他在拉里奥哈葡萄酒的经典味道的基础上，转而大力加强果香四溢的高雅，因此受到外界关注。

具有油封黑樱桃、香草、调味料、枯叶和树脂的香气。口感醇厚，酸味和单宁在口中慢慢发散开来。

设拉子品丽珠混酿红葡萄酒

SHIRAZ CABERNET FRANC

① 澳大利亚（南澳大利亚）麦克拉伦谷产区
② 狐狸湾酒庄 ③ 设拉子、品丽珠等

★ 1984年，瓦特夫妇购买了0.32平方千米的葡萄园，开始酿造葡萄酒。现已成为葡萄酒大赛中广受好评的葡萄酒并成功打入世界市场。

具有黑莓、调味料、树脂、香草和烘烤类的香气。果香馥郁，余味高雅悠长。

蒙桑特桑特格雷戈里红葡萄酒

MONSANT SANT GREGORI

① 西班牙（加泰罗尼亚）蒙桑特产区
② 布希酒庄 ③ 歌海娜、佳丽酿、丹魄

★ 布希酒庄位于海拔1000米处，开垦坚硬的岩盘土质，并利用斜坡建立梯田式的葡萄园种植葡萄。

具有油封黑樱桃、野蔷薇、调味料、树脂和枯叶的香气。果香醇厚，口感强劲。

坎普谷紫威特红葡萄酒

KAMPTAL ZWEIGELT

① 奥地利（下奥地利州）坎普谷产区
② 索恩霍夫酒庄 ③ 紫威特

★ 索恩霍夫酒庄自1972年起不再使用农药种植葡萄。三兄弟负责种植、酿造并做市场营销，使酒庄获得了巨大成功。

具有黑樱桃、野蔷薇、调味料、土壤和树脂的香气。柔和的果香在口中慢慢发散开来，单宁口感强劲。

佩内德斯珍藏梅洛红葡萄酒

PENEDES MERLOT RESERVA

①西班牙（加泰罗尼亚）佩内德斯产区
②Gorner酒庄 ③梅洛

★Gorner酒庄始建于16世纪，它不使用化肥和农药来调节土壤品质，而是利用自然的力量培育葡萄。

🍷具有黑莓、紫罗兰花、土壤和香草的香气。口感醇厚并且慢慢在口中发散开来，整体顺滑。

清淡 0 1 2 3 4 5 浓郁

里奥哈陈酿红葡萄酒

RIOJA CRIANZA

①西班牙（埃布罗）里奥哈阿拉韦萨产区
②IZADI酒庄 ③丹魄

★即使是在里奥哈，IZADI酒庄也因其生产的优质葡萄酒而被世人熟知。酒庄位于里奥哈阿拉韦萨，成立于1987年。

🍷具有黑莓、野蔷薇、调味料和香草等的香气。口感醇厚，单宁丰富并慢慢在口中发散开来。

清淡 0 1 2 3 4 5 浓郁

纳瓦拉阿塔族瑞红葡萄酒

NAVARRA ARTAZURI

①西班牙（埃布罗）纳瓦拉产区
②阿塔族园 ③歌海娜

★阿塔族园酒庄于1996年在纳瓦拉建立，它不断挑战研发新口味的歌海娜葡萄。

🍷具有油封黑莓、调味料、土壤和香草的香气。醇厚馥郁的果香与单宁融为一体。

清淡 0 1 2 3 4 5 浓郁

特拉阿尔塔瑞美红葡萄酒

TERRA ALTA DE RAIM

①西班牙（加泰罗尼亚）特拉阿尔塔产区
②皮诺酒庄 ③歌海娜等

★皮诺家族过去曾向大型酒庄贩卖红酒，但在1995年，以第4代家主加入酒庄运营为契机建立了自己的品牌。

🍷具有黑莓、紫罗兰花、调味料和可可浆的香气。醇厚的果香在口中慢慢发散开来。

清淡 0 1 2 3 4 5 浓郁

ALICANTE CRIANZA

阿利坎特陈酿红葡萄酒

①西班牙（黎凡特）阿利坎特产区
②Peseta酒庄 ③莫纳斯特雷尔、丹魄、西拉

★酒庄的主人在阿利坎特发现了一处种植着优质莫纳斯特雷尔葡萄的葡萄园，并于2001年建立酒庄，开始酿造葡萄酒。

黑莓和黑胡椒等调味料以及树脂、香草的香气混合在一起。口感醇厚，单宁稳定。

清淡 0 1 2 3 4 5 浓郁 (●4)

PENEDES OCTUBRE

佩内德斯十月红葡萄酒

①西班牙（加泰罗尼亚）佩内德斯产区
②莱文多斯酒庄 ③梅洛、歌海娜、西拉

★『Octubre』在西班牙语中是10月的意思。酒庄最早是在1497年开垦的0.9平方千米的葡萄园。

具有黑樱桃、黑莓、调味料、土壤和香草的香气。口感醇厚，慢慢在口中发散开来。

清淡 0 1 2 3 4 5 浓郁 (●3)

JUMILLA ALTOS DE LA HOYA

胡米亚爱途仕红葡萄酒

①西班牙（黎凡特）胡米亚产区
②Bodegas Olivares酒庄 ③莫纳斯特雷尔、歌海娜

★身兼酒庄老板和酿酒师的塞尔巴（Selva）先生拥有一座位于海拔800米的莫纳斯特雷尔葡萄园，里面的葡萄树龄在30~40年，收获期在每年10月。

具有水煮黑莓、调味料、可可浆和香草的香气。口感醇厚饱满，单宁丰富。

清淡 0 1 2 3 4 5 浓郁 (●3)

LA MANCHA TEMPRANILLO

拉曼恰丹魄红葡萄酒

①西班牙（圣罗克）拉曼恰产区
②老藤酒庄 ③丹魄

★酒庄于1889年在里奥哈建立，旨在活用丰富的多样性和土地的个性，让拉曼恰重新打入世界市场。

具有油封黑樱桃、调味料、土壤和香草的香气。口感醇厚饱满，单宁丰富。

清淡 0 1 2 3 4 5 浓郁 (●3)

RIBAS NEGRE

里巴斯内格雷红葡萄酒

①西班牙（巴利阿里群岛）
②里巴斯酒庄 ③黑曼托、赤霞珠、西拉等

★里巴斯酒庄位于欧洲屈指可数的休闲度假胜地之一的马略卡岛。它始建于1711年，有着悠久的历史和传统，生产官商御用的葡萄酒。

🍷具有油封黑樱桃、调味料、树脂、枯叶和烘烤类香气。柔和的果香与辛辣的味道融为一体。

清淡 0 1 2 3 4● 5 浓郁

TORO DEHESA GAGO

托罗德萨佳阁红葡萄酒

①西班牙（卡斯提亚-莱昂）托罗产区
②特尔莫酒庄 ③丹魄

★特尔莫酒庄所在的托罗，是鲁埃达以西著名的葡萄酒产地。自从它凭借著名酒庄进入国际舞台以来，当地的建筑如雨后春笋般建设了起来。

🍷具有水煮黑莓、调味料、树脂和香草的香气。醇厚的果香与丰富的单宁以及酸味融为一体。

清淡 0 1 2 3 4● 5 浓郁

CARMENERE RESERVA

佳美娜珍藏红葡萄酒

①智利（马利山谷）
②Vina Seg 酒庄 ③佳美娜、赤霞珠

★赛格蒙斯兄弟从西班牙的加泰罗尼亚移居至此并建立了Vina Seg 酒庄。

🍷具有黑莓、调味料、桉树和烘烤类香气。口感柔和，果香在口中散发开来，余味强劲。

清淡 0 1 2 3 4● 5 浓郁

JUMILLA CARCHELO

胡米亚红葡萄酒

①西班牙（黎凡特）胡米亚产区
②Bodegas Agapito Rico酒庄 ③莫纳斯特雷尔、西拉

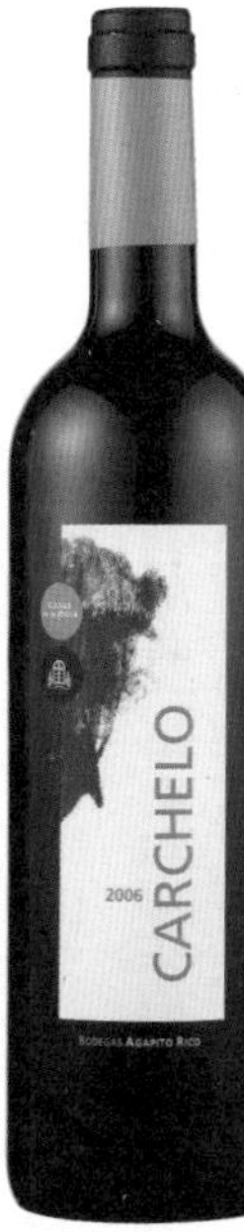

★1983年，Bodegas Agapito Rico酒庄的经营家族以原有的葡萄园为基础，开始对红酒的酿造方式进行革新。

🍷具有黑莓、紫罗兰花、调味料、树脂和香草的香气。口感醇厚饱满，单宁强劲。

清淡 0 1 2 3● 4 5 浓郁

GAU-ODERNHEIMER PETERSBERG DORNFELDER Q.b.A

蓝色多瑙河圣菲德红葡萄酒

①德国（莱茵黑森）蓝色多瑙河圣菲德产区
②Deeps酒庄 ③丹菲特

★Deeps酒庄有着200多年的悠久历史。尤其专注于酿造丹菲特葡萄酒。

🍷具有水煮野草莓、野蔷薇、调味料以及土壤的香气。口感柔和顺滑，余味悠长。

清淡 0 1 2 3 4 5 浓郁（2）

MERLOT

梅洛红葡萄酒

①智利（拉佩尔山谷）
②拉博丝特酒庄 ③梅洛

★拉博丝特酒庄因世界级的酿酒师——米歇尔·罗兰的加入而被世人熟知。

🍷具有黑莓、紫罗兰花、桉树和烘烤类食品的香气。口感醇厚，充盈的果香在口中发散开来，余味顺滑。

清淡 0 1 2 3 4 5 浓郁（4）

PFAIZ CABERNET Q.b.A TROCKEN

法耳次赤霞珠红葡萄酒 Q.b.A

①德国（法耳次）
②安瑟曼酒庄（Weingut Anselmann） ③赤霞珠

★经营酒庄的安瑟曼家族的历史可以追溯到1126年。他们从1541年开始酿造葡萄酒，拥有0.8平方千米的葡萄园。

🍷具有水煮蓝莓、调味料、树脂和树芽的香气。果香柔和，口中渐渐渗透出调味料的风味。

清淡 0 1 2 3 4 5 浓郁（2）

RHEINGAU SPATBURGIUNDER Q.b.A TROCKEN

莱茵高黑皮诺红葡萄酒 Q.b.A

①德国（莱茵高）
②朗豪酒庄 ③黑皮诺

★朗豪酒庄的主人曾在杰森海姆葡萄酒（Giesenheim Wine）酿造大学多次进修。他一边酿酒，一边在母校担任讲师，为学生提供指导。

🍷具有油封野草莓、野蔷薇、枯叶以及类似树脂的香气。柔和的口感和高雅的酸味顺利地融合为一体。

清淡 0 1 2 3 4 5 浓郁（1）

VILLANY PORTUGIESER

维拉尼葡萄牙人红葡萄酒

①匈牙利（南潘诺尼亚）维拉尼产区
②盖氏酒庄 ③葡萄牙人

★格雷家族从大规模生产的时代开始，将酒庄逐渐转变为严格控制葡萄产量，并采用最新的酿造技术来酿造葡萄酒的酒庄。

🍷具有水煮蓝莓、野蔷薇、调味料和树脂的香气。果香柔和清爽，整体顺滑。

清淡 0 1 2 3 4 5 浓郁 (●2)

PFAIZ MERLOT Q.b.A TROCKEN

法耳次梅洛红葡萄酒 Q.b.A

①德国（法耳次）
②维耶亚里泽厅酒庄 ③梅洛

★维耶亚里泽厅酒庄是一个拥有3.7平方千米土地的巨大葡萄园的酿酒合作社，已有100多年的历史。

🍷水煮蓝莓、紫罗兰花和土壤的气息融为一体。果香醇厚，整体柔和，余味悠长。

清淡 0 1 2 3 4 5 浓郁 (●3)

BOURGOGNE PASSE TOUT GRAIN

勃艮第红葡萄酒

①法国（勃艮第）勃艮第Passe Tout Grain 产区
②利刃酒庄 ③黑皮诺

★沃恩罗曼尼产区是著名的酒庄。不使用化肥，并且从超过50年树龄的葡萄树上采摘葡萄来酿造。

🍷具有野草莓、水煮黑加仑、紫罗兰花、甘草和枯叶的香气。醇厚的果香与清爽的单宁融为一体。

清淡 0 1 2 3 4 5 浓郁 (●1)

PINOT NOIR

黑皮诺红葡萄酒

①新西兰（马尔堡大区）
②金凯福酒庄 ③黑皮诺

★金凯福酒庄最初是生产气泡酒，从1996年开始推出葡萄酒，然后在1999年正式设立酿酒厂。

🍷具有水煮野草莓、野蔷薇、红茶、皮革和香草的香气。口感醇厚，饱满的果香在口中发散开来。

清淡 0 1 2 3 4 5 浓郁 (●3)

MACON IGE LA MONTPELLIERE

蒙彼利埃红葡萄酒

①法国（勃艮第）马贡－伊热村产区
②费舍酒庄 ③佳美

★费舍酒庄的运营人是一对兄弟，他们被认为是勃艮第的新星跃过了酒庄这道龙门。他们在葡萄酒大赛的最优秀的生产商中闪烁着耀眼的光芒。

具有浓郁的水煮木莓、野蔷薇花的香气。果香醇厚且柔和，余味清爽。

清淡 0 1 2 3 4 5 浓郁

BOURGOGNE PINOT NOIR

勃艮第黑皮诺红葡萄酒

①法国（勃艮第）勃艮第产区
②Frederic Magnien酒庄 ③黑皮诺

★马尼亚家族世世代代在勃艮第的莫雷圣丹尼产区种植葡萄。第5代家主弗雷德里克酿造了一种以自己名字命名的葡萄酒。

具有油封野草莓、野蔷薇、红茶和土壤的香气。口感醇厚柔和，顺滑的果香在口中发散开来。

清淡 0 1 2 3 4 5 浓郁

MOULIN A VENT LES MICHELONS

风车磨坊米奇隆红葡萄酒

①法国（勃艮第）博若莱－风磨产区
②路易拉图酒庄 ③佳美

★勃艮第拥有悠久传统和历史的有名的销售商（葡萄酒商和酒庄）。拥有许多知名的葡萄园，素来被评价为状态稳定的葡萄酒商。

具有水煮蓝莓、紫罗兰花、甘草等调味料的香气。口感醇厚，单宁柔和。

清淡 0 1 2 3 4 5 浓郁

BOURGOGNE HAUTES COTES DE BEAUNE

勃艮第博恩高坡红葡萄酒

①法国（勃艮第）勃艮第博恩高坡干红葡萄酒产区
②香颂酒庄 ③黑皮诺

★自18世纪中叶以来，香颂酒庄已经发展成为勃艮第历史悠久的葡萄酒商，现隶属于香槟生产商堡林爵集团。

具有水煮野草莓、野蔷薇、红茶、烟叶和土壤的香气。口感醇厚，果香饱满，口齿留香。

清淡 0 1 2 3 4 5 浓郁

BORDEAUX DOURTHE NO.1

杜夫一号波尔多红葡萄酒

①法国（波尔多）波尔多产区
②杜夫酒庄 ③梅洛、赤霞珠

★其酿酒师是闻名世界的米歇尔·罗兰。据说这种酒是受Numero-1的启发。

具有黑樱桃、调味料、土壤以及烘烤类的香气。口感柔和顺滑，余味悠长。

FLEURIE

弗勒里红葡萄酒

①法国（勃艮第）博若莱-弗勒里产区
②杜宝夫酒庄 ③佳美

★杜宝夫酒庄被称为『博若莱帝王』。博若莱新酒首次发售便广受好评。

木莓、水煮蓝莓中混合了紫罗兰花和甘草的香气。口感醇厚，饱满柔和。

BORDEAUX SUPERIEUR CHATEAU CHAPELLE MARACAN

超级波尔多玛乐卡帕庄园红葡萄酒

①法国（波尔多）超级波尔多产区
②玛乐卡帕庄园 ③梅洛、品丽珠

★玛乐卡帕庄园位于世界遗产圣艾美侬附近，它拥有0.15平方千米的土地，分布在两座相对的山丘上。

具有黑樱桃、野蔷薇、土壤以及树芽的香气。口感柔和，整体顺滑，余味高雅。

BORDEAUX CHATEAU LES ARROMANS

阿罗曼城堡波尔多红葡萄酒

①法国（波尔多）波尔多产区
②阿罗曼城堡酒庄 ③梅洛等

★家族继承了有着200年历史的酒庄，但却不拘泥于传统，不断创新技术。

黑樱桃、土壤、调味料和烘烤类香气等融合在一起。口感柔和醇厚，平衡感好。

BORDEAUX COTES DE FRANCS CHATEAU LAURIOL

波尔多法郎丘罗里奥酒庄红葡萄酒

①法国（波尔多）波尔多法郎丘产区 ②罗里奥酒庄 ③梅洛、品丽珠、赤霞珠

★威登酒庄和鲁邦的老板杰邦家族发现了这家酒庄并购入。

🍷水煮黑樱桃中融合了土壤、调味料和烘烤类的香气。口感醇厚柔和，余味悠长。

清淡 0 1 2 3 4 5 浓郁（3）

BORDEAUX SUPERIEUR CHATEAU LA MOTHE DU BARRY

超级波尔多巴里拉莫特城堡红葡萄酒

①法国（波尔多）超级波尔多产区 ②巴里拉莫特城堡酒庄 ③梅洛

★酒庄位于距离著名世界遗产圣艾美侬街道7公里的地方。酒庄主人是一对夫妇。

🍷具有水煮黑莓、紫罗兰花、土壤和烘烤类的香气。口感醇厚饱满，单宁柔和。

清淡 0 1 2 3 4 5 浓郁（3）

HAUT MEDOC RUBAN BLEU D' ARSAC

上梅多克柏乐图庄园红葡萄酒

①法国（波尔多）上梅多克产区 ②柏乐图庄园 ③赤霞珠、梅洛

★在上梅多克产区被誉为柏乐图庄园的亚军。蓝色酒瓶是其标志。

🍷水煮黑樱桃中混合了野蔷薇、调味料、树脂和树芽的香气。口感柔和，味道丰满。

清淡 0 1 2 3 4 5 浓郁（4）

PREMIERES COTES DE BLAYE CHATEAU VALENTIN

布拉伊首瓦伦庭酒庄红葡萄酒

①法国（波尔多）布拉伊首酒区 ②瓦伦庭酒庄 ③梅洛、品丽珠、马尔贝克

★布拉伊首酒区位于多尔多涅河右岸河口附近。高比例种植的梅洛也是其特征之一。

🍷具有水煮黑樱桃、红花、土壤和树芽的芬芳。果香柔和醇厚，整体顺滑。

清淡 0 1 2 3 4 5 浓郁（2）

MONTAGNE SAINT-EMILION CHATEAU TEYSSIER

蒙塔涅圣艾美依德事雅酒庄红葡萄酒

① 法国（波尔多）蒙塔涅圣艾美依产区 ② 德事雅酒庄 ③ 梅洛、赤霞珠、品丽珠

★ 位于世界遗产圣艾美依附近的城堡，由杜夫集团经营管理。

🍷 具有水煮黑樱桃、土壤、调味料和烘烤类的香气。口感醇厚，单宁柔和，余味悠长。

清淡 0 1 2 3 4 5 浓郁 （标记于3）

MEDOC CHATEAU LOUDENNE

梅多克露德尼酒庄红葡萄酒

① 法国（波尔多）梅多克产区 ② 露德尼酒庄 ③ 赤霞珠、梅洛

★ 有许多日本人参加了露德尼酒庄举办的关于波尔多葡萄酒的『酿酒学校』（葡萄酒培训）的课程。

🍷 具有水煮黑樱桃、红花、调味料、树脂和土壤的芬芳。口感柔和，顺滑平衡。

清淡 0 1 2 3 4 5 浓郁 （标记于3）

CAHORS GREZETTE DE PRINTEMPS

卡奥尔拉格泽特春天红葡萄酒

① 法国（西南）卡奥尔产区 ② 拉格泽特酒庄 ③ 欧塞瓦、梅洛

★ 卡地亚集团于1980年收购并修缮了15世纪的古老城堡，并且在地下三层扩建了酒窖。

🍷 具有水煮黑樱桃、紫罗兰花、黑胡椒和土壤的香气。果香柔和，余味清爽。

清淡 0 1 2 3 4 5 浓郁 （标记于3）

HAUT MEDOC BARON DE REYSSON

上梅多克雷臣男爵红葡萄酒

① 法国（波尔多）上梅多克产区 ② 雷臣酒庄 ③ 赤霞珠等

★ 雷臣酒庄拥有300年的历史，如今是美露香旗下的波尔多产区的酒庄。

🍷 具有黑樱桃、调味料、木芽和土壤的香气。果香柔和，余味高雅。

清淡 0 1 2 3 4 5 浓郁 （标记于3）

TOURAINE

都兰红葡萄酒

①法国（卢瓦尔）都兰产区
②拉罗什酒庄 ③品丽珠

★酒庄老板修缮了中世纪领主的庄园，并在那里酿造葡萄酒。根据传统的自然农业栽培技巧种植葡萄。

具有水煮野草莓、野蔷薇、树芽和类似于小青椒的香气。果香柔和，整体高雅。

清淡 0 1● 2 3 4 5 浓郁

MADIRAN

马迪朗红葡萄酒

①法国（西南）马迪朗产区
②Dom Capmartin 酒庄 ③丹宁、品丽珠、赤霞珠等

★1986年，现任主人G Cap Martin从叔叔那里继承了0.75平方千米的葡萄园。

具有黑樱桃、调味料、树脂和烘烤类的香气。口感充盈，单宁强劲。

清淡 0 1 2 3 4● 5 浓郁

COTES DU RHONE

罗纳河谷红葡萄酒

①法国（罗纳河谷）
②吉佳乐世家酒庄 ③西拉、歌海娜、幕维得尔等

★酒庄成立于1945年，相对其他酒庄而言，没有太悠久的历史。但是，如今已发展成为罗纳河谷地区的主要酒庄。

具有水煮黑樱桃、野蔷薇花、调味料和土壤的香气。口感醇厚，饱满平衡。

清淡 0 1 2 3● 4 5 浓郁

CHINON

希侬红葡萄酒

①法国（卢瓦尔）希侬产区
②Dom des Clos Godeaux酒庄 ③品丽珠

★在希侬地区中部拥有0.15平方千米的葡萄园，并且只种植品丽珠。

具有水煮野草莓、野蔷薇花、青椒和树芽的香气。柔和的果香与清爽的酸味相互融合。

清淡 0 1 2● 3 4 5 浓郁

VACQUEYRAS

瓦给拉斯红葡萄酒

①法国（罗纳河谷）瓦给拉斯产区
②Chateau de Roc酒庄 ③歌海娜、西拉、幕维得尔

★因葡萄园的入口处岩石裸露，所以利用其坚实的地基和斜坡将酒庄设计成阶梯状。

🍷具有黑莓、紫罗兰花、调味料、土壤、可可浆的香气。口感醇厚饱满，以果香为主。

清淡 0 1 2 3 4 5 浓郁

SAUMUR-CHAMPIGNY LA BRETONNIERE

索米尔尚皮尼红葡萄酒

①法国（卢瓦尔）索米尔-尚皮尼产区
②朗格洛酒庄 ③品丽珠

★由香槟酒生产商的堡林爵集团旗下的起泡酒生产商酿造的红葡萄酒。

🍷具有水煮黑樱桃、树芽和调味料的香气。果香柔和醇厚，散发着优雅。

清淡 0 1 2 3 4 5 浓郁

COTEAUX DU TRICASTIN CHATEAU DES ESTUBIERS

特里加斯丹艾思图城堡红葡萄酒

①法国（罗纳河谷）特里加斯丹产区
②莎普蒂尔酒庄 ③西拉、歌海娜等

★自从酒庄现在的老板开始亲自监管莎普蒂尔酒庄的酿造工作，酒庄获得了巨大发展。

🍷具有黑莓、紫罗兰花、调味料、香草、烘烤类香气。口感醇厚饱满，果香留齿。

清淡 0 1 2 3 4 5 浓郁

CROZES-HERMITAGE

克罗兹埃米塔日红葡萄酒

①法国（罗纳河谷）克罗兹-埃米塔日产区
②Pavillon Mercurol酒庄 ③西拉

★曾经为著名的酒庄供应葡萄酒，然而现任老板说服他的父亲，开始建立自己的品牌。

🍷具有黑樱桃、紫罗兰花、黑胡椒和土壤的香气。果香醇厚，单宁强劲。

清淡 0 1 2 3 4 5 浓郁

COSTIERES DE NIMES

尼姆丘红葡萄酒

①法国（朗格多克-鲁西永）尼姆丘产区
②康普济城堡酒庄 ③西拉、歌海娜等

★酒庄被评为『复兴尼姆丘红葡萄酒的领军人物』。

具有黑莓、紫罗兰花、黑胡椒等调味料的香气。醇厚的果香与又苦又甜的单宁融为一体。

清淡 0 1 2 3 4 5 浓郁

COTEAUX DU TRICASTIN LA CIBOISE

特里加斯丹区红葡萄酒

①法国（罗纳河谷）特里加斯丹产区
②莎普蒂尔酒庄 ③歌海娜、西拉、幕维得尔

★酒庄成立于1808年。加上罗纳河谷地区，一共拥有3.5平方千米的土地。甚至还在南澳大利亚酿造葡萄酒。

具有黑樱桃、紫罗兰花、调味料和土壤的香气。口感醇厚馥郁，单宁柔和清爽。

清淡 0 1 2 3 4 5 浓郁

SAINT-CHINIAN UNE ET MILLE NUITS

圣西尼昂一千零一夜红葡萄酒

①法国（朗格多克-鲁西永）圣西尼昂产区
②小瓦莱特酒庄 ③歌海娜、幕维得尔、西拉

★『une et mille nuits』的意思是『一千零一夜』。20世纪90年代，以出售葡萄的农户为首，开始走上酿酒的道路。

具有黑莓、紫罗兰花、调味料、树脂、灌木、烘烤类香气。饱满的果香在口中发散开来。

清淡 0 1 2 3 4 5 浓郁

COTEAUX VAROIS CLOS DU BECASSIER

瓦尔丘红葡萄酒

①法国（普罗旺斯）瓦尔丘产区
②Dom de Deffends 酒庄 ③歌海娜、神索等

★酒庄的主人原本是大学教授，后在1993年转行，开始酿酒。

具有水煮黑樱桃、花香、调味料的香气。口感醇厚，饱满平衡。

清淡 0 1 2 3 4 5 浓郁

MINERVOIS

密内瓦红葡萄酒

①法国（朗格多克－鲁西永）密内瓦产区
②吉哈伯通酒庄 ③西拉、歌海娜、佳丽酿等

★吉哈伯通在提升朗格多克葡萄酒品质的突破性进展中做出了巨大贡献。他的儿子继承了他的遗志。

🍷具有黑莓、调味料、灌木、土壤的香气。口感醇厚饱满，单宁强劲。

清淡 0 1 2 3 4 5 浓郁（3）

FAUGERES

福日尔红葡萄酒

①法国（朗格多克－鲁西永）福日尔产区
②藏维斯塔尼尔城堡酒庄 ③歌海娜、西拉、幕维得尔等

★1976年，父亲建立酒庄。之后，女儿学习了酿造技术和葡萄种植技术，加入并运营酒庄。

🍷具有油封黑莓、灌木、调味料、烘烤类香气。口感醇厚饱满，余味强劲。

清淡 0 1 2 3 4 5 浓郁（4）

CORBIERES SABRAN

科比埃尔萨布朗红葡萄酒

①法国（朗格多克－鲁西永）科比埃尔产区
②马特斯酒庄 ③西拉、歌海娜、佳丽酿

★城堡位于交通要塞，自中世纪以来一直在有名的贵族手中辗转。

🍷水煮黑莓、调味料和烘烤类香气融合在一起。醇厚饱满，口感平衡。

清淡 0 1 2 3 4 5 浓郁（3）

MINERVIOS ESTIBALS

密内瓦红葡萄酒

①法国（朗格多克－鲁西永）密内瓦产区
②迦思故乡酒庄 ③西拉、佳丽酿、歌海娜

★「L'Ostal」是当地的古老方言，意思是「家庭」和「家」。主人是波尔多产区的靓茨伯庄园的卡斯家族。

🍷具有黑莓、紫罗兰、烘烤类和调味料的香气。口感醇厚，整体平衡，口齿留香。

清淡 0 1 2 3 4 5 浓郁（3）

VIN DE PAYS DE LA CITE DE CARCASSONE

卡尔卡索纳古堡红葡萄酒（地区餐酒）

① 法国（朗格多克－鲁西永）卡尔卡索纳古堡红葡萄酒（地区餐酒）产区
② Domaine d'Oustric 酒庄 ③ 佳丽酿、神索、歌海娜等

★ 酒庄经营30多处庄园，隶属于帕佩克勒芒特集团。前会长喜欢此处，在此居住。

🍷 具有黑樱桃、野蔷薇、调味料和灌木等香气。果香柔和醇厚，口感平衡。

清淡 0 1 2 3 4 5 浓郁

CORBIERES BOUTENAC

科比埃尔布特纳克红葡萄酒

① 法国（朗格多克－鲁西永）科比埃尔产区
② 飞马族酒庄 ③ 佳丽酿、歌海娜、西拉等

★ 酒庄拥有0.9平方千米的葡萄园。佳丽酿的葡萄树是100多年树龄的老树。在葡萄发酵后，放入橡木桶中陈放一年，使其熟化。

🍷 具有黑莓、野蔷薇、调味料、树脂和灌木等香气。果香醇厚，单宁柔和。

清淡 0 1 2 3 4 5 浓郁

ALENTEJO DOM MARTINHO

阿连特茹唐马尔廷奥红葡萄酒

① 葡萄牙（阿连特茹）阿连特茹产区
② 卡莫庄园 ③ 阿拉哥斯、赤霞珠、西拉等

★ 酒庄拥有悠久的历史，现今其所有人是拉菲古堡的主人——埃里克·德·罗斯柴尔德男爵。

🍷 具有油封黑樱桃、调味料、树脂和土壤的芬芳。口感醇厚，唇齿留香，味道强劲。

清淡 0 1 2 3 4 5 浓郁

COTEAUX DU LANGUEDOC MONTPEYROUX

朗格多克蒙佩鲁酒庄红葡萄酒

① 法国（朗格多克－鲁西永）朗格多克－鲁西永产区斜坡山地
② 奥菲拉克酒庄 ③ 幕维得尔、西拉、佳丽酿等

★ 1989年，自现任主人从祖父手中接管酒庄以来，并没有将葡萄出售给其他酒庄，而是自己酿造葡萄酒。

🍷 具有黑莓、紫罗兰花、调味料和烘烤类香气。口感醇厚饱满，单宁强劲。

清淡 0 1 2 3 4 5 浓郁

CABERNET SAUVIGNON RESERVE

珍藏赤霞珠红葡萄酒

①南非（帕尔） ②Waterberg 酒庄 ③赤霞珠

★酒庄拥有着30平方千米的巨大葡萄园。葡萄园位于海拔700～900米处，降雨量低，适宜种植葡萄。

🍷具有黑莓、野蔷薇、调味料和烘烤类香气。口感醇厚，香气在口中散发，留下调味料的香气。

清淡 0 1 2 3● 4 5 浓郁

VIN DE PAYS DES CEVENNES MERLOT

赛文山脉梅洛红葡萄酒（地区餐酒）

①法国（朗格多克－鲁西永）赛文山脉产区（地区餐酒） ②Domaine de Mausau 酒庄 ③梅洛

★这是由55名葡萄种植者组成的葡萄酒合作社。控制葡萄产量，严格挑选葡萄，努力提高葡萄酒的品质。

🍷具有水煮黑莓、紫罗兰花、香草和烘烤类香气。口感醇厚，果香浓厚。

清淡 0 1 2 3● 4 5 浓郁

PINOTAGE

皮诺塔吉红葡萄酒

①南非（斯泰伦博斯） ②尼德堡酒园 ③皮诺塔吉、赤霞珠

★自1797年开始酿造葡萄酒，历史悠久。尼德堡酒园取自当时荷兰东印度公司的总督的名字。

🍷具有水煮黑樱桃、野蔷薇、调味料、树脂和土壤的香气。果香醇厚，口感辛辣。

清淡 0 1 2 3● 4 5 浓郁

DAO

杜奥红葡萄酒

①葡萄牙（杜奥） ②Quinta dos Roques 酒庄 ③多瑞加、罗丽红等

★酒庄位于杜奥当地的中心城市Nelas的东北方，拥有0.4平方千米的葡萄园，其中80%都用于生产红葡萄酒。

🍷具有黑莓、调味料、可可浆、树脂等的香气。口感醇厚，饱满顺滑。

清淡 0 1 2 3● 4 5 浓郁

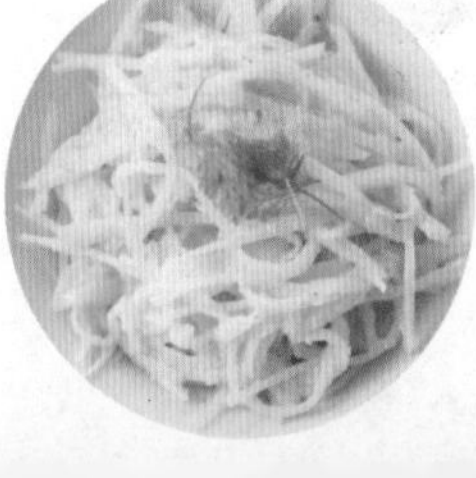